아빠,
오늘은 어디 가요?

아빠, 오늘은 어디 가요?

발행일   2019년 5월 24일

지은이   김진성
펴낸이   손형국
펴낸곳   (주)북랩
편집인   선일영   편집   오경진, 강대건, 최승헌, 최예은, 김경무
디자인   이현수, 김민하, 한수희, 김윤주, 허지혜   제작   박기성, 황동현, 구성우, 장홍석
마케팅   김회란, 박진관, 조하라
출판등록   2004. 12. 1(제2012-000051호)
주소   서울시 금천구 가산디지털 1로 168, 우림라이온스밸리 B동 B113, 114호
홈페이지   www.book.co.kr
전화번호   (02)2026-5777   팩스   (02)2026-5747

ISBN   979-11-6299-699-7 03590 (종이책)   979-11-6299-700-0 05590 (전자책)

이 도서의 국립중앙도서관 출판예정도서목록(CIP)은 서지정보유통지원시스템 홈페이지(http://seoji.nl.go.kr)와
국가자료공동목록시스템(http://www.nl.go.kr/kolisnet)에서 이용하실 수 있습니다.
(CIP제어번호: CIP2019019941)

(주)북랩 성공출판의 파트너

북랩 홈페이지와 패밀리 사이트에서 다양한 출판 솔루션을 만나 보세요!

홈페이지 book.co.kr   •   **블로그** blog.naver.com/essaybook   •   **원고모집** book@book.co.kr

닥 치 고 육 아 여 행

아빠,
오늘은 어디 가요?

부모와 아이가 함께 즐거운 육아 방법이 있다!

육아 여행 블로그 '행복덩이 아빠의 Enjoy Life'에서
백만 방문자가 함께 즐기고 공감한 육아 여행 이야기

김진성 지음

북랩 book Lab

PROLOGUE

　예전에 과학 저널리스트 신성욱 씨의 강의 내용을 흥미롭게 본 적이 있습니다. 뇌에 대해 우리가 알고 있던 여러 가지 상식을 깨버리는 내용이었죠. 그중에서도 제가 가장 흥미롭게 본 것은 교육계에서 흔하게 이야기하던 "3살 무렵이면 아이의 뇌가 거의 다 완성된다."라는 말을 신랄하게 반론한 내용이었습니다. 과거에는 3세 이전에 시냅스(synapse)의 밀도가 높아져 뇌가 완성된다고 이야기했는데, 최근의 연구 결과에 따르면 3세 이전에는 이 시냅스가 끊어져 있어서 완성의 의미가 없다고 합니다. 시냅스가 끊어져 있기에 어릴 때는 뇌가 시냅스를 대충 엮어 놓았다가 외부로의 적절한 경험과 자극을 통해 가지치기해나가고, 그 가지치기가 늘어날수록 뇌의 성능이 좋아진다고 합니다. 당황스럽게도 뇌의 성능은 40대 후반부터 50대 중반 무렵에 최고에 달한다는 연구 결과도 있다네요. 놀라운 정보 아닌가요? 살면서 이해 못 하는 것들이 생기면 "나이 먹어서 그렇다."라고 농담하던 나 자신을 반성하게 만드는 이야기였습니다.

　한편으로, 아이를 키우는 아빠 입장에서 제가 주목한 것은 외부의 경험과 자극을 통해 뇌가 가지치기한다는 내용입니다. '경험'과 '자극' 하면 생각나는 단어가 있지 않나요? 역시 감각 있으신 분들은 바로 생각해내실 겁니다. 바로 '여행'입니다. 여행은 아이들에게 좋은 영양분을 줍니다. 우리 아이들도 여행을 통해서 성장했기에 저는 여행이 아이들에게 긍정적인 영향을 미친다고 강력하게 주장하고 다닙니다.

　예를 들면, 첫째 아이가 초등학교에 다니기 전에는 '과연 우리 딸이 학교에서 적응을 잘하고 친구들과 문제가 없을까?' 하는 걱정을 했습니다. 첫째 딸은 살갑다기보다 시크한 성격을 갖고 있기 때문이죠. 그러나 이 우려는 기우에 불과했습니다. 엄청나게 학교생활을 잘하더군요. 여러 가지 이유가 있겠지만, 그중의 하나로 여행이 큰 역할을 했다고 생각합니다.

　더 극적으로 변한 것은 둘째 아들입니다. 항상 겁이 많고 어디를 데리고 가든지 엄마 껌딱지여서 엄마 곁에서 떨어지지 않던 아이였는데, 이제는 새로운 곳에 데리고 가면 제일 먼저 뛰어나갑니다. 부모와 함께한 여행이 아이를 바꾸어 놓았습니다. 물론 기본적인 성격이 어디 가겠습니까? 부모가 보이지 않으면 항상 큰소리로 엄마, 아빠를 찾기는 합니다.

　이렇듯 여행은 아이들을 성장하게 해 주고, 성장의 기반에 있는 뇌가 가지치기하는 데 좋은 영향을 주는 마법 같은 도구입니다. 그런데 왜 아이가 7세 이전에 여행을 떠나야 할까요? 해답은 이 책을 읽다 보면 아실 것 같습니다. 육아 여행을 하면서 받았던 질문들을 정리해 놓은 Q&A에도 있고 본문에도 해답이 있습니다. 읽다 보시면 고개를 끄덕이실 것입니다.

　여행이 좋은 이유를 또 하나 이야기해 보겠습니다. 부모들이 관심 있어 하는 '인지 능력 발달'이란 말이 있습니다. 최근에는 메타인지 능력에 관한 이야기를 더 많이 하는데요. 메타인지란 '자신의 인지 과정에 대해 생각하여 자신이 아는 것과 모르는 것을 자각하는 것과 스스로 문제점을 찾아내고 해결하며 자신의 학습 과정을 조절할 줄 아는 지능과 관련된 인식'이라고 국어사전에 정의되어 있습니다.

인지심리학 분야의 김경일 교수는 물론 수많은 교육 전문가가 중요한 학습 역량 중 하나로 '메타인지'를 꼽습니다.

EBS에서 방영한 〈학교란 무엇인가 제8부 - 0.1%의 비밀〉에서는 상위 0.1%의 학생들과 일반 학생들의 메타인지가 어떻게 다른지를 실험을 통해 보여 주었습니다. 아이들을 모아놓고 전혀 상관없는 단어들을 스크린으로 빠르게 보여 주었지요. 이후 스크린에서 본 단어 중 본인이 확실하게 기억하고 있는 것 같은 단어의 개수를 적도록 하였는데, 0.1%의 학생들은 자신이 예측한 수와 실제로 기억한 개수가 일치했습니다. 하지만 평범한 학생들은 본인이 예측한 결과에서 크게 벗어났습니다.

놀라운 결과라는 생각이 드십니까? 성인에게 100개 정도의 단어를 잠깐 보여 주고 내가 본 것 중에서 기억나는 게 몇 개인지 예상해 보라고 하면, 예상하는 것 자체가 고역일 겁니다. 그러니 자기가 몇 개를 기억하는지 알고 있는 0.1%의 학생이 대단한 것이지요.

이 실험에서 이야기하는 내용은 상위 0.1%의 아이들은 본인이 알고 있는 것과 모르는 것을 정확하게 인지하는 메타인지가 발달했다는 것입니다. 본인이 모르는 것을 정확하게 알고 그 부분을 공부하니, 평범한 학생들보다 훨씬 효과적으로 모르는 부분을 공부할 수 있는 것이죠.

메타인지라는 것이 조금 어렵게 다가온다면 쉽게 이야기해 보겠습니다. 메타인지는 내가 뭘 하는지 알고 있는 능력입니다. 지금 부모 세대는 내가 뭘 좋아하는지, 왜 하는지가 중요한 세대가 아니었습니다. 무조건 대학에 가야 하고, 무조건 좋은 직장에 취업해야 하는 세대였지요. 다들 그것이 정답인 줄 알았습니다. 그러나 단언컨대, 우리 아이들 세대에는 많은 것이 바뀔 것입니다. 무작정 해야 하는 인생의 폐해를 우리가 그리고 우리 사회가 알고 있으므로, 앞으로는 우리 아이들에게 '왜'라는 것이 중요하게 될 것입니다. 그렇기에 우리 아이들에게 내가 어디를 가는지, 무엇을 하는지, 왜 해야 하는지 생각하고 계획하는 능력을 가르쳐 주어야 합니다. 그런 능력이 쌓이면 메타인지가 당연히 높아지겠죠.

내가 어디를 가는지, 무엇을 하는지, 왜 해야 하는지 생각하고 계획하는 데는 역시 여행만 한 것이 없습니다. 여행을 간다는 것은 왜 가고 싶은지, 어디를 가고 싶은지 고민을 하게 되고, 그에 따른 계획도 세워 가면서 인생의 경험을 쌓게 되니까요.

육아서를 한 번 쓰고 나서 두 번째 책에서는 어떤 이야기를 할 것인지 생각하다가, 여행기가 생각났습니다. 주변에 보면 여행을 가고 싶지만, 시간이 없어서, 용기가 없어서, 돈이 없어서, 기타 여러 가지 사정 때문에 여행을 못 가는 분들을 많이 봤기 때문입니다. 원래 인생이란 돈이 없으면 시간이 여유롭고, 돈과 시간이 많으면 몸이 힘들지요. 우리 가족도 가끔은 마이너스 통장에서 돈을 당겨서 여행합니다. 물론 갔다 와서 열심히 돈을 벌어서 마이너스 통장을 메꿔 놓습니다. 누구는 우리 가족이 여행을 자주 다니니까 로또라도 당첨되었냐고 물어보시는데, 사실 우리 가족은 여행을 위해서 최소한 한 가지는 포기하고 떠나는 것입니다.

사람들에게 무언가 한 가지를 포기하고 여행을 다니라고 하면 그다지 좋아하지 않습니다. 저조차도 누군가가 저에게 저의 무엇을 포기하라고 하면 반발부터 할 것 같거든요. 그래서 우리 가족의 인생 여행 이야기를 쓰기로 했습니다. 육아 여행을 통해서 우리 가족이 어떤 것을 얻었는지 읽어 보시고, 읽다가 마음이 내키면 아이들과 함께 여행을 떠나 보시라고요.

책의 처음은 육아 여행을 하면서 받았던 질문으로 시작했습니다.

질문에 대한 답을 통해 육아 여행에 대해서 생각을 한번 해 보고 책을 읽으면 좋을 것 같아서입니다. 두 번째 챕터는 0세 아이와 했던 주변 여행, 세 번째 챕터는 2세 아이와 함께한 조금 먼 여행 이야기와 동생이 태어나면서 겪었던 이야기들을 담았습니다. 네 번째에는 4세 아이와 비행기를 타면서 벌어졌던 여행 이야기, 다섯 번째는 7살, 5살 아이들과 말레이시아 한 달 살기를 하면서 겪었던 여행 이야기를 넣었습니다. 아이가 태어나면서 벌어지는 여행을 순차적으로 이야기했기에 시간의 흐름대로 읽기 편하게 적어 봤습니다.

지금까지 뇌 과학과 메타인지 이야기를 했지만, 사실 육아 여행을 다니면서 이런 복잡한 생각은 하지 못합니다. 아이들과 함께하는 여행은 항상 긴장의 연속이거든요. 그래도 여행을 다녀와서 뒤돌아보면 분명히 아이들이 많이 변하고 자라 있습니다. 물론 즐겁고 행복했던 경험은 말할 것도 없지요.

육아는 항상 힘들다고만 합니다. 하지만 여행과 함께 하는 육아는 아주 힘들면서도 그만큼 즐겁습니다. 아내도 아이와 함께 여행해서 극기 훈련이라고 했던 여행지를 몇 년이 지나서 또 방문하듯이 말입니다.

지금부터 부모와 아이가 함께하는 설레면서도 두려운, 그러면서도 즐거운 여행 같은 육아에 빠져 보십시오. 책을 읽다 보면 어느 순간 육아가 즐겁다는 생각을 하면서 아이와 함께 여행 갈 곳을 검색하고 있을 겁니다. 여행 같은 육아, 여행과 함께 하는 육아는 아이들의 성장과 더불어 인생의 즐거움 하나를 여러분들에게 선물해 줄 겁니다.

행복덩이 아빠 김진성

$\mathcal{C}$ontents

Part. 3 우리 아이 2살 - 세상을 알아가다

Part. 4 우리 아이 4살 - 세상을 경험하다

Part. 5 우리 아이 6살 - 세상을 준비하다

육아 여행 Q&A

"The fool wanders, a wise man travels(바보는 방황하고,
현명한 사람은 여행을 떠난다)."

- 토마스 풀러(Thomas Fuller)

01.
육아 여행을 왜 가나요?

Q 육아 여행을 왜 가나요?

A

"내가 왜 아이들과 여행을 다닐까? 여행 갔다 오면 아이들하고 극기 훈련했다는 생각에 다신 안 간다고 하면서 왜 시간이 지나면 또 떠날까?"

아이들하고 여행 다니다 보면 극기 훈련을 받는다는 생각을 자주 합니다. 갔다 와서 진이 다 빠져서 뻗어 버리기도 하고, 여행지에서 힘들어서 싸우기도 하기 때문이죠. 여행을 다녀와서 곰곰이 생각해 보면 그래도 내가 아이들과 여행을 또 떠나는 이유는 여러 가지가 있더군요.

첫 번째는 내가 즐기려고 갑니다.

우리 아이들 같은 경우에는 한강 수영장에서 수영하든, 괌이나 오키나와에서 수영하든지에 상관없이 그냥 수영장에 가는 것입니다. 어릴 때는 하루에 8시간씩 오키나와의 호텔 수영장에서 수영해 놓고 1년만 지나도 아이들은 오키나와 자체를 기억하지 못합니다. 역시 여행은 부모만 기억하나 봅니다.

'여행은 내가 즐기러 가는 것이고 아이는 내가 가니까 따라오는 것이다'

이렇게 생각해야 마음이 편합니다. 아이가 어리면 여행에 대한 기억은 부모만 갖게 되고 남는 건 사진밖에 없기 때문이죠.

두 번째는 아이들의 인지 능력 향상을 보고 싶어서입니다.

저는 육아하는 아빠로서 아이들을 자주 관찰합니다. 잘 관찰해 보면 아이는 아침이 다르고 저녁이 다릅니다. 어제가 다르고 오늘이 다르고, 한 달 전하고 지금이 너무 다르죠. 아이는 계속해서 부쩍부쩍 자라납니다.

종종 여행 가기 전후로 아이들의 행동을 관찰하는데, 자세히 관찰해 보면 아이들의 여행 전후 차이를 발견할 수 있습니다. 저는 그 차이를 인지 능력 향상이라고 이야기합니다.

여행을 갔다 오면 아이들의 말투도 바뀌고, 사물을 대하는 행동도 바뀝니다. 아들 같은 경우에는 여행을 갔다 오면 행동이 커지기도 합니다. 집에서는 층간 소음 때문에 "뛰지 마!"가 매일 듣는 소리일 텐데 여행 가서는 뛰놀라고 해서 그런 듯합니다.

물론 일주일이 지나면 바뀌었던 행동들이 원래대로 돌아갑니다. 하지만 여행을 계속한다면 지속적인 자극을 줄 것이고 그로 인해 변해 가는 행동들이 분명 몸에 각인될 것입니다. 그래서 그런지 저는 지금 우리 아이들의 모습이 너무 좋습니다.

세 번째는 부모의 만족감입니다.

아이들에게 여행을 예고하면 아이들이 친구들에게 자랑합니다. 아이들에게 자랑할 거리를 만들어 주면 왠지 뿌듯하더군요. 아이들하고 여행 가는 것이 가끔은 의무감이란 생각도 드는데, 그 의무감을 해결했다는 만족감도 생깁니다.

친구 중 한 명은 아이랑 해외여행 가는 것이 인생의 숙제 중 하나라고 이야기하더군요. 여행을 자주 다니지 않거나 즐기지 않는 사람들은 아이랑 여행 가는 것이 숙제가 될 수도 있습니다. 어쨌든 여행을 다녀오면 숙제도 해결되니 부모의 만족감은 상승하기 마련이죠.

어느 날, 우리 딸에게 여행에 관해서 물어본 적이 있습니다.

"딸, 여행 또 가고 싶어?"
"응!"
"왜 가고 싶어?"
"가족이랑 온종일 같이 있을 수 있잖아."

아이와 함께 여행을 가는 것은 내가 즐기고 싶어서도, 아이를 위해서이기도 하지만 그중에서도 가장 으뜸은 가족이랑 함께 경험을 공유한다는 것입니다. 그걸 아이도 알고 있더군요. 그래서 저는 육아 여행을 갑니다.

02.
육아 여행이 꼭 필요한가요?

Q 육아 여행이 꼭 필요한가요?

A

주변에서 육아 여행이 꼭 필요하냐고 질문하면 저는 "꼭 필요합니다."라고 이야기합니다. 아이를 잘 키우기 위해서는 여러 가지 방법이 있겠지만, 부모도 즐기고 아이도 즐기면서 아이들을 잘 키울 수 있는 가장 좋은 방법이 여행이기 때문입니다.

첫째로, 여행은 아이들에게 자유를 줍니다.

사람들의 성향은 다양합니다. 그런데 이상하게도 부모들은 규범형 성향을 띱니다. 저도 물론 마찬가지죠. 아이들이 예의를 잘 지키고, 선생님 말씀을 잘 듣고, 말썽을 안 피우기를 바랍니다. 많은 아이, 특히 남자아이들은 행동형입니다. 소리도 지르고, 뛰어도 다니고, 행동도 큼지막하고 말이죠. 그걸 또 규범형 부모들은 하지 못하게 하면서 혼을 냅니다.

한번 자신을 되돌아보세요. 아이들이 뛰어다니고 싶어 하는 것이 과연 잘못된 행동인지요. 아이들에게 뛰어다닐 수 있는 자유, 새로운 것을 볼 수 있는 자유를 주어야 합니다. 제 주변에는 아이가 두 돌이 다 되도록 아이에게 신발을 안 사준 부모도 있습니다. 아이가 걷다가 넘어지는 것도 싫고, 마트 같은 곳을 걸어 다니면 병에 걸릴 것 같다네요. 극단적인 부모이긴 하지만, 지금 우리는 어떨까요? 아파트에 사는 사람들은 층간 소음의 스트레스로 아이들이 편하게 걸어 다니지도 못하게 합니다. 4~5살 아이가 학습지와 학원을 하루 3~4시간씩 하기도 합니다.

우리 가족도 맞벌이를 하기에 아이들이 온종일 어린이집에 갇혀있습니다. 아이들은 스트레스가 많이 쌓여 있기에 여행을 통해서 스트레스를 풀면서 자유를 만끽하게 해 줍니다. 가끔 아이들과 공원으로 산책하러 가면 집에서 뛰지 못하는 것을 한풀이라도 하듯이 미친 듯이 뛰어놉니다. 아이들이 자유롭게 놀게 해 주어야 합니다.

여행은 힘들어하는 우리 아이들에게 자유를 줄 수 있습니다. 그래서 저는 아이를 위해서라도, 부모를 위해서라도 육아 여행을 꼭 가라고 이야기를 합니다.

둘째로, 가족끼리 굳건해집니다.

여행을 하다 보면 아내와 다투기도 하고 제가 힘들어서 가족에게 어리광을 피우기도 합니다. 그러다가 문득 생각나는 한마디가 있습니다. 어느 날 제가 아내랑 투덕거리고 나서, 딸하고 이야기하는 도중에 우리 딸이 저에게 한마디 한 적이 있습니다.

"근데 아빠, 가족끼리 왜 싸워?"

아이의 이 한마디에 저도 궁금했습니다. '가족은 적군이 아니고 아군인데 왜 아군끼리 싸울까?' 하고 말입니다. 이처럼 여행을 하다가 아이가 하는 한마디를 통해서 삶을 배우고 반성하며 가족끼리 굳건해집니다.

서로가 서로를 위하는 가족이 되는 거죠. 물론 다시 일상으로 돌아오면 저는 아내랑 투덕거리고, 딸은 동생이랑 투덕거립니다. 그래도 또 한 번 여행을 다녀오면 다시 굳건해집니다.

여행은 가족이 단단해지게 하는 아교의 역할을 해 줍니다.

셋째로, 아이와 부모가 함께 세상을 살아가는 법을 배웁니다.

여행을 하면 여행 준비를 합니다. 여행 준비를 하면서 여행을 잘 다녀오는 법을 미리 배웁니다. 아무리 준비를 잘해도 여행지에 도착하면 준비가 미흡하기도 하고, 잊어버리고 가지고 오지 않은 것들도 생깁니다. 그럼 가족이 함께 해결해 갑니다. 여행 계획을 세우지만, 천재지변 혹은 열감기 등으로 일정이 어긋나기도 합니다. 처음에는 당황하지만, 다시 계획을 짜거나 생각을 바꾸는 것만으로도 여행은 다시 즐거워집니다.

여행이란 이렇듯 준비하고 해결하고 즐기는 과정이기에 이 과정에서 부모와 아이가 함께 세상을 살아가는 법을 배웁니다.

여행 전문가 한비야 씨의『중국견문록』마지막 부분에 이런 말이 있습니다.

> "새로 시작하는 길, 이 길도 나는 거친 약도와 나침반만 가지고 떠난다. 길을 모르면 물으면 될 것이고 길을 잃으면 헤매면 그만이다. 이 세상에 완벽한 지도란 없다. 있다 하더라도 남의 것이다. 나는 거친 약도 위에 스스로 얻은 세부 사항으로 내 지도를 만들어갈 작정이다. 중요한 것은 나의 목적지가 어디인지 늘 잊지 않는 마음이다."

세상은 완벽하지 않기에 우리 아이들이 본인의 목적지를 생각하고 지도를 만들어 가는 사람으로 키우고 싶습니다. 지도를 만드는 가장 좋은 방법은 여행입니다. 육아 여행을 통해서 아이들은 세상에 올바르게 나아가는 방법을 부모와 함께 배웁니다.

03.
왜 아이가 7세 이전에 여행하는 것이
좋은가요?

 Q 왜 아이가 7세 이전에 여행하는 것이 좋은가요?

A

우리 가족이 의도해서 아이가 7세 이전에 여행을 많이 한 것은 아닙니다. 원래 여행을 좋아하는데 아이가 자라기를 기다리지 못해서 여행을 많이 갔습니다. 어릴 때 다니다 보니 장점도 있고 단점도 있었지만, 곰곰이 생각해 보니 장점이 훨씬 많았습니다. 나중에 아이가 8살이 되어서 뒤돌아보니 꼭 7세 이전에 여행 가야할 이유가 크게 두 가지가 보이더군요.

첫째, 아이의 인지 능력이 늘어나는 것이 눈에 보입니다.
인지발달 연구의 선구자인 스위스 심리학자 피아제(Piaget)는 만 2~7세의 시기를 전조작기라고 칭했습니다. 전조작기의 아이들은 본인이 접하는 세계를 표상하는 능력을 획득하고 지능이 작용하는 영역을 시공간적으로 확장시킨다고 하였습니다. '표상'이라는 말이 좀 어려운데, 쉽게 생각해서 마음에 그림을 그린다고 생각하면 될 것 같습니다. 아이들이 만 2세가 넘어가면 마음에 그림을 그릴 수 있다는 것이죠. 그 시기에 여행을 통해서 그릴 수 있는 것들을 자주 보여주고 경험하게 해 준다면 마음의 그림이 커지고 구체화될 것입니다.

피아제는 이 시기에 언어가 크게 발달하고 직관적 사고를 한다는 등 다양한 이야기를 했는데 실제로 우리 아이들을 관찰해 보면 여행 후 인지 능력이 향상된 것이 보였습니다.

가족과 함께하기에 언어적 측면은 당연히 발달했고, 다양한 경험을 통해 변화에 적응하는 능력을 배워서 그런지 대인관계가 확실히 좋습니다. 딸이 학교 들어가기 전에 '만약 우리 딸이 왕따를 당한다면 무조건 이민을 갈 거다'라고 생각했는데, 이제는 학교와 친구를 너무 좋아하는 딸 덕분에 이민을 갈 수가 없습니다.

겁이 많아 놀이터에 가면 항상 아빠 뒤에 숨던 아들은 이제 놀이터만 보면 뛰어 들어갑니다. 단순히 여행만 해서 좋아졌다고 할 수는 없지만, 여행을 통해서 했던 많은 경험이 우리 아들을 변하게 했다는 것은 부인할 수 없는 사실입니다.

둘째, 학교에 들어가면 아이와 함께 여행하기가 여러 가지로 불편합니다.

우리 부부는 여행을 좋아하기에 아이가 학교에 입학하더라도 학교에 상관없이 여행을 다니자고 생각했습니다. 실제로 학교에 입학해 보니 쉽지 않더군요.

초등학교에는 체험학습이라는 것이 있어서 아이가 부모와 여행을 가게 되면 미리 신청해서 갔다 오고 간단한 보고서만 내면 결석 처리가 되지 않습니다. 기간도 학교장 재량이기는 하지만 20일 정도까지 가능하더군요. 그래서 우리 부부도 쉽게 생각했습니다. '여행 가고 싶을 때 아무 때나 가자'라고 말이죠. 그런데 습관이란 것이 무섭습니다. 왠지 학교를 결석하면 안 될 것 같은 기분이 드는 겁니다. 어릴 때 개근상을 받으려고 노력해서 그런지 괜스레 개근에 집착하게 됩니다.

아이도 점점 가족과 여행 가는 것보다 친구와 함께하는 것을 좋아합니다. 초기에는 가족과 함께하든, 친구와 함께하든 상관하지 않던 아이가 요새는 여행 가자고 이야기하면 바로 물어봅니다. "○○○이도 같이 가? 아니면 △△△도 같이 가면 안 돼?" 아이가 초등학교에 들어가니까 급작스럽게 자라네요.

우리 부부는 사교육을 싫어하지만, 아이가 재미있어하는 것은 몇 가지를 시켜 주고 있습니다. 딸은 방과 후 수업 몇 개와 수영을 배우고 있는데 여행을 가려고 하면 수업들이 마음에 걸립니다. 주말에는 행사가 참 많습니다. 주말 행사들을 신청하니 이상하게 마음 편히 여행 가기가 어렵더군요.

그래서 저는 초등학교 입학 전에 여행 많이 가는 것을 사람들에게 권장하고 다닙니다.

04.
육아 여행을 통해서
아이들이 무엇을 얻나요?

Q ✈ 육아 여행을 통해서 아이들이 무엇을 얻나요?

😊 A

육아 여행을 하면 아이들이 얻을 수 있는 것은 다양합니다. 경험도 얻을 수 있고, 용기, 담대함, 새로운 것에 대해 당연하게 느끼는 마음, 가족과의 유대 등 많은 것을 얻을 수 있는데 최근에 많이 보게 되는 것이 메타인지입니다.

개인적으로 4차 산업혁명이란 말을 별로 좋아하지 않지만, 현재 대세에 따라 이야기하면, 육아 여행을 통해서 아이들은 4차 산업혁명에 따른 자기 주도적이고 공감 능력이 뛰어난 아이로 자랄 수 있습니다.

왜냐하면, 여행을 통해서 메타인지 능력이 향상하기 때문입니다. 메타인지란 1970년대에 심리학자 존 플라벨(J. H. Flavell)에 의해 만들어진 용어로 자기 생각을 스스로 판단하는 능력입니다.

한 가지 예를 들어 보겠습니다. 많은 사람이 휴양 여행을 준비하면서 스트레스받기 싫으니 자유여행이 아닌 패키지여행을 선택해서 여행을 갑니다. 그런데 여행하고 집에 돌아오니 어디를 다녀왔는지 잘 모르겠습니다. 이유는 가이드가 나를 안내하고 다녔고, 나는 여행 계획에 어떠한 신경도 쓰지 않으면서 스트레스받지 않는 것에만 신경을 썼기 때문이지요.

아이들과 여행을 다니면서 메타인지를 늘리는 방법은 왜 스트레스를 받기 싫은지부터 분석에 들어가는 것입니다. 만약, 여행 계획을 짜기 싫거나 영어에 두려움이 있다는 생각 때문이라면 패키지여행을 선택하면 됩니다. 패키지여행을 선택한 이유를 정확하게 판단하는 거죠. 결정하고 나면 휴양 여행이니 휴양에 집중합니다. 가이드가 나를 데리고 다니는 것 이외에도 나의 휴양을 위해서 여행 중 어떤 일을 할까? 스스로 생각하는 것이죠. 그리고 여행지에서 아이들과 함께 생각을 하고 그 생각을 토대로 주변을 보면서 여행하고 왔다면, 단순히 패키지여행을 다녀온 것보다 더 많은 메타인지를 배워온 것입니다.

강변으로 나들이 가는 것도 마찬가지입니다. 글로 "바람이 분다.", "잠자리가 날아다닌다."라는 문장을 보면 아이는 책을 덮는 순간 모든 것을 잊어버리지만, 강변으로 나들이 가서 바람에 날리는 나뭇잎을 보고, 잠자리를 잡으러 다닌다면 잠자리와 바람이 분다는 것을 기억하고 인지하게 되는 것이죠. 바로 이런 것이 메타인지입니다. 따라서 육아 여행을 통해서 아이들은 스스로 메타인지를 향상시킬 수 있으며, 자기 주도적이고 공감 능력이 뛰어난 아이가 될 수 있습니다.

이론적으로 이야기했지만, 개인적으로는 아이들이 가족과의 추억을 오래 간직하게 되기를 바랍니다. 메타인지가 중요한 것이 아니고 아이들과 아내와 함께했다는 느낌이 더 중요하거든요. 아이들도 가족과의 추억이 소중하다는 것을 알게 되면 좋겠습니다.

육아 여행을 통해서 많은 아이가 메타인지도 향상하고, 가족과의 추억을 소중히 간직했으면 하는 바람입니다.

05.
육아 여행을 하면
부모도 성장하나요?

Q 육아 여행을 하면 부모도 성장하나요?

A

육아 여행을 하면 부모도 성장하는지에 대한 질문은 참 어렵습니다. 답변이 어렵지만 저는 "YES."라고 대답하고 싶습니다.

우리가 여행이라는 단어를 생각하면, 자유, 여유, 휴식, 경험, 즐거움 등이 생각나지만, 육아 여행을 하게 되면 극기라는 단어가 먼저 생각납니다. 육아 여행이라는 것을 처음 할 때는 극기 훈련 같았습니다. '내가 왜 내 돈 들여서 이 먼 곳에 와서 고생하나' 하는 생각을 했는데, 돌아보면 그 경험들이 나를 성장시키고 나와 가족과의 관계를 변화시켰습니다.

부모 성장의 첫 번째는 여행지에서 즐기는 법을 배웠다는 점입니다.

저는 여행을 자주 가지만 즐기는 것보다는 여행지에 갔다는 것에 더 의미를 두는 사람이었습니다. 그런데 아이들과 여행을 가게 되면 아이들이 어리니 할 수 있는 것이 거의 없고, 아이들 위주로만 몇 가지를 하게 되었습니다. 그러다 보니 어느 순간부터는 저의 의지와는 상관없이 아이들과의 놀이를 즐기게 되더군요. 여행지에서는 아이들과 많은 시간을 보내게 되는데, 그것도 안 하면 심심하기 때문입니다.

아이들과의 놀이를 시작으로 조금씩 저의 의식이 확장되더군요. 이제는 여행을 가면 조금씩 즐기는 것을 아는 사람이 되었습니다.

나는 여행이 두렵고 재미있는지 모르겠다고 하시는 분들은 아이들과 조금씩 여행을 다녀보세요. 아이들이 여행을 즐기게 되는 것만큼 본인도 여행을 즐기게 될 것입니다.

부모 성장의 두 번째는 아들을 얻었다는 점입니다.

저는 아들과 사이가 좋지 않았습니다. 말 그대로 아들은 엄마 껌딱지였죠. 아내가 일찍 출근하는 날은 아들의 울음소리로 집 안이 항상 전쟁이었습니다. 그런 아들과 저의 관계는 1년여의 여행을 통해서 많이 좋아졌습니다. 목욕탕을 가면 엄마와 같이 옷 갈아입으려고 목욕탕이 떠나가도록 울던 아이가 1년여가 지나니 목욕탕에서 제 등에 비누칠을 해 줍니다. 아들이 내 등에 비누칠하던 그 감동은 지금도 저를 눈물짓게 합니다. 그래서 저는 여행을 통해서 제가 진정한 가족이 되었고 아들을 얻었다는 이야기를 합니다.

부모 성장의 세 번째는 생각을 하게 된다는 점입니다.

메타인지가 향상되는 것은 부모도 마찬가지입니다. 여행지에서 아이를 재워 놓고 조용히 창밖을 바라보다 보면 많은 생각을 하게됩니다. 부부관계에 대해 생각도 하고, 나의 미래, 우리 가족의 미래에 대해서도 생각을 해 봅니다. 작게는 돌아가서 어떻게 회사 일을 더 효율적으로 할까도 생각해 봅니다. 여행을 통한 두뇌의 휴식이 저의 메타인지를 자극하는 것이죠.

이 질문에 대한 답을 생각하다가 아내에게 물어봤습니다.

"자기는 육아 여행을 통해서 무엇을 얻은 것 같아?"

"추억과 힐링이지. 처음에야 극기 훈련이었지만, 이제 익숙해지니까 힘든 것들도 추억이 되더라고."

여행은 역시 추억인 것 같습니다. 여행을 통해서 부모도 분명히 성장하지만, 추억이야말로 여행의 핵심 같습니다. 그래서 저는 육아 여행을 통해서 성장과 추억을 얻었다고 이야기하고 싶습니다.

06.
꼭 해외로 육아 여행을
가야 하나요?

Q 꼭 해외로 육아 여행을 가야 하나요?

A

제가 녹색창 블로그를 통해 해외 육아 여행기를 쓰면서 항상 조심스러웠던 것이 바로 이 부분이었습니다. 육아 여행이라고 해서 꼭 해외로 가야 한다고 생각할 필요는 전혀 없습니다. 저는 아이들과 집 근처 당일치기 여행을 매주 하고, 틈틈이 국내 1박 2일 여행도 다닙니다. 그 모든 내용을 블로그에 담지 못하기에 제일 특별한 해외 육아 여행기를 위주로 적을 뿐입니다. 1년에 많아야 1~2번 하는 해외여행으로는 아이를 성장시키고 부모와의 관계를 좋게 만들지 못합니다. 지속적인 관심과 부모와 함께하는 추억이 아이를 올바르게 성장시킵니다. 그래서 해외 육아 여행이 필수가 아니라 육아 여행이 필수인 것입니다.

실제로 1~2살짜리 어린 아이를 데리고 아이에게 많은 경험을 시켜 주겠다고 해외로 나가는 것에 대해서 저는 반대하는 편입니다. 24개월도 안 된 아이와 해외여행을 간다는 것은 아이에게 경험을 만들어 주려는 것보다는 부모가 즐기기 위해서 간다고 표현하는 것이 맞습니다. 우리 가족도 아이들이 24개월 전에 해외여행을 한 번씩 다녀왔지만, 아이들보다 제가 한 경험이 더 많습니다. 그런 경험들 덕분에 이 책을 쓰게 된 것이지요.

아이들이 어릴 때는 반나절 육아 여행, 국내 1박 2일 여행이 더 좋습니다. 책 본문에도 나와 있지만, 우리나라에는 어린아이들과 함께 갈 만한 곳들이 많이 있습니다. 저는 지금도 그러한 곳들을 매주 돌아가면서 방문합니다.

제가 아는 후배가 있습니다. 부부가 아주 짠돌이로 돈도 많이 모았고, 해외여행은 신혼여행 말고는 다녀온 적이 없습니다. 작년인가 아이가 초등학생이 되니 해외여행을 한번 고민하기는 하더군요. 그런데 아이를 보면 너무 똑똑한 것입니다. 거의 영재급으로 키웠더군요. 아이를 잘 키운 여러 가지 이유가 있겠지만, 어느 날 그 친구의 블로그를 보다가 재미있는 정보를 발견했습니다. 아이와 함께 무료로 놀 수 있는 전국 과학관이나 놀이터 등의 정보였습니다. 그리고 그 글에는 이렇게 쓰여 있더군요.

"우리 가족이 가 본 곳을 엄선해서 적어봤습니다."

해외로 육아 여행을 가는 것이 중요한 것이 아니라, 단 1시간 동안 여행을 하더라도 아이들과 함께하는 것이 아이를 올바르게 키우는 가장 중요한 방법입니다.

07.
육아 여행을 가고 싶은데 돈도, 시간도 없어요

Q 육아 여행을 가고 싶은데 돈도, 시간도 없어요

 A

우리나라 아빠들은 하루에 아이들과 보내는 시간이 6분이라는 통계가 있습니다. 스웨덴의 5시간과 비교하면 상당한 차이를 보입니다. 제가 전업주부 생활을 3년 넘게 해 보니까 엄마도 마찬가지인 듯합니다. 하루에 아이와 즐기는 시간이 별로 없더군요.

아침에 아이들을 어린이집에 보내고 청소를 합니다. 저는 프리랜서다 보니 급하게 해야 할 일을 하다 보면 어느새 하원 시간이 됩니다. 오늘은 아이들과 놀아 주려고 놀이터를 생각했는데 미세먼지 수치가 '매우 나쁨'입니다. 마스크가 없으면 숨 쉬기도 힘드네요. 놀이터에서 놀고 싶다고 찡찡대는 아이들을 데리고 집에 옵니다. 길에서 찡찡대는 아이들을 달래면서 들어오니 벌써부터 지칩니다.
아이들끼리 놀라고 하고 저녁 준비를 합니다. 배고프다고 간식을 달라는 아이들에게 밥 먹고 준다고 달래면서 음식을 하고 저녁을 먹습니다. 저녁 먹고 설거지하고 나면 괜스레 오늘 하루가 피곤합니다. 그래도 한글이라도 한 자 가르쳐야 하기에 벌떡 일어나서 공부를 같이 조금 합니다. 하기 싫어서 몸을 비비 꼬는 아이들과 또다시 실랑이를 20분쯤 하고 나면 만사가 다

귀찮습니다. 그 와중에 프리랜서로서 해야 할 일들이 머릿속을 더 복잡하게 합니다.

지쳐서 침대에 누워서 스마트폰을 만지작거립니다. 누워 있는 것을 어떻게 아는지 어느샌가 아이들이 옵니다. "아빠, 놀아줘.", "아빠, 심심해." 하면서 말이죠. 나도 쉬고 싶은데 어느 순간 짜증이 확 올라옵니다. 짜증을 참고 놀아 주기도 하지만, 저도 사람이기에 힘들면 TV를 틀어 줍니다. TV를 끄려고 하면 더 보겠다는 아이들과 또 한 번 실랑이하고 잠잘 준비를 합니다. 잠잘 준비 하려고 거실에 나오면 한숨이 나옵니다. 언제 아이들이 어질러 놨을까요? 아이들에게 조금 짜증 내며 함께 정리하고 잘 준비를 합니다. 양치를 하고 자러 가려고 하면 또다시 책 읽어 달라, 이야기해 달라고 조르기 시작합니다. 책을 두 권쯤 읽어 주고 나면 아이들이 더 읽어 달라고 조릅니다. 인내심의 한계를 느끼며 아이들에게 자라고 큰소리치면서 아이들을 재웁니다.

미세먼지가 심한 날 우리 집의 일상입니다. 싱글맘이나 싱글파파는 더 심할 수도 있고, 장사하시는 분들은 이것보다 더 팍팍하게 아이들과 생활하실 겁니다. 글을 읽어 보시면 아이들과 잠시 책 읽은 것 외에는 함께 보냈다고 생각할 만한 시간이 없습니다. 저를 포함한 우리나라의 많은 가정이 이렇지 않을까 싶습니다. 아빠는 아이들과 함께하는 시간이 없고, 엄마는 함께하지만, 함께 즐기는 시간이 없습니다.

문제의 핵심은 집중하는 시간입니다. 아이들도 사람이기에 엄마나 아빠가 시간이 없고 힘든 것을 알고 있습니다. 다만, 본인이 함께 놀고 싶은 욕망을 자제하지 못하는 것이지요. 정말 아이와 여행 갈 시간도 없고 돈도 없다면 하루에 10분이라도 TV를 끄고, 스마트폰을 다른 곳에 두고 아이와 대화하는 시간을 가지십시오. 하루에 10

분이라도 아이와 진심으로 함께하는 시간이 아이와 함께 여행 가는 것보다 아이를 올바르게 키우는 더 좋은 방법이 될 수 있습니다.

육아 여행을 가는 목적이 무엇인가요? 여행을 통해 나도 스트레스를 풀고 아이와 함께 즐겁게 보내자는 것입니다. 하루에 10분 동안 아이에게 집중하면, 나의 스트레스는 해결이 안 될지라도 아이와 함께 즐겁게 보내자는 취지는 100% 이상 달성할 수 있습니다.

SBS 스페셜 〈스마트폰 전쟁 - 내 아이와 스마트하게 끝내는 법〉 편에도 비슷한 이야기가 나옵니다. 스마트폰에 중독된 영유아부터 초등학생까지 다양한 아이들이 나오는데 대부분은 부모의 관심이 부족해서 스마트폰에 중독되었던 것이더군요. 방송에서 제시한 해결 방법은 간단했습니다. 하루에 10분 동안 아이의 눈을 보고 대화하는 것이었습니다. 놀랍게도 한 달 만에 아이들의 상황이 확실히 좋아졌습니다. 스마트폰을 보는 시간이 현저하게 줄어든 것입니다.

육아 여행의 핵심은 아이와 함께 오롯이 즐기기입니다. 따로 시간 내서 즐기기 어렵다면 육아 여행을 떠나듯이 하루에 10분 동안 아이에 집중하는 방법을 권해 드립니다. 스마트폰을 끄고, TV를 끄고 말입니다. 영아라면 아이만 쳐다보며 몸으로 놀아 주고, 5세 이상의 유아라면 아이의 이야기를 들어 주는 것이지요.

하루에 10분 동안 엄마, 아빠와 함께하는 육아 여행이 어설픈 해외여행보다 아이들을 더 바르게 자라게 할 것입니다.

08.
육아 여행 시에
가장 주의해야 할 점이 뭔가요?

Q 육아 여행 시에 가장 주의해야 할 점이 뭔가요?

A

육아 여행 시에 가장 중요한 것은 아이들의 컨디션입니다. 어른이야 아프면 쉬면서 컨디션을 조절하지만, 아이들은 아파도 놀고 싶다는 마음에 뛰놀다가 심각한 상황에 처할 때가 있기 때문입니다. 그래서 우리 가족은 여행 가기 전에 아이들 컨디션 조절을 위해서 여러 가지 준비를 합니다.

해외여행을 갈 때는 가기 전에 컨디션 관리도 하지만, 혹시 모를 사태를 대비해서 비상약을 한 상자 가지고 갑니다. 특히 여행 중에 감기 등에 따른 고열이 오는 것이 가장 힘들어서 소아과에서 미리 3일 정도의 예비 약을 받아서 출국합니다. 자유여행을 주로 가기 때문에 여행자 보험을 드는 것도 당연하고요.

국내 여행을 갈 때는 가기 전까지의 컨디션 관리도 중요하지만, 아이들과 즐거운 기분을 유지하기 위해서 볼거리, 즐길 거리를 많이 찾아봅니다. 여행지에서 만약 아이의 상태가 좋지 않다고 하면, 과감히 찾아본 것들을 포기하고 편안하게 쉬러 갑니다. 다시 이야기하지만, 어디 가서 무엇을 보고 무엇을 먹었나 하는 것보다, 아이들의 컨디션이 여행의 즐거움을 좌우합니다.

두 번째로 가장 많이 이야기하는 것은 '두 손을 가볍게'입니다. 아이들은 어디로 튈지 모르기 때문에 부모의 두 손은 항상 준비되어 있어야 합니다. 아이를 잡을 수 있는 준비 말입니다. 우리 가족은 한 달 동안 해외여행을 가도 캐리어는 한 개 밖에 가지고 다니지 않습니다. 반드시 부부 중 한 명은 아이를 챙겨야 하거든요. 물론 아빠는 배낭 두 개를 앞뒤로 메고 캐리어를 끌고 다니기는 하지만 말입니다.

육아 여행은 안전과 컨디션 관리의 두 가지만 된다면 90%는 성공한 여행이 됩니다. 성인들끼리 여행을 가도 마찬가지지만, 아이와 함께하는 여행은 더욱더 안전과 컨디션 관리가 중요합니다. 이 외에도 다양한 내용이 있지만, 책 본문을 읽으시면 간접적으로 아시게 될 것 같습니다.

09.
육아 여행지를 딱 골라서
추천해 줄 수 있나요?

🛫 **Q** 육아 여행지를 딱 골라서 추천해 줄 수 있나요?

👦 **A**

저는 지인들에게 육아 여행지를 딱 골라서 추천해 주곤 합니다. 그런데 지면으로 추천해 줄 수 있냐고 물어보니 조금 조심스럽네요. 제가 가 본 곳 이외에는 저도 인터넷으로 알아본 정보들이 대부분이기 때문입니다. 그리고 아이들의 성향에 따라서 제가 추천하는 장소가 좋지 않은 장소일 수도 있기 때문이죠. 예를 들면, 물을 좋아하는 아이와 함께하는 여행이라면 수영장이 있는 곳들을 추천하지만, 물을 무서워하는 아이가 있다면 뛰어놀 곳이 많은 곳을 추천하죠. 멀미가 심한 아이라면 버스로 이동 거리가 짧은 곳을 추천하고, 체험을 좋아하는 아이가 있다면 볼거리가 많은 곳을 추천합니다.

예전에 블로그에 수영장이 있는 찜질방이 너무 좋아서 소개했더니 이후에 짜증 내시는 몇몇 분이 있더군요. 수질이나 위생 등이 마음에 안 드셨다고 합니다. 해외여행지로 저는 오키나와를 많이 추천하는데 오키나와에 있는 온천 수영장이 너무 좋아서 소개했더니 나중에 블로그 댓글로 탕에 때가 둥둥 떠 있다고 싫어하시는 분들도 있었습니다. 제가 좋았던 부분이 그날의 장소 상황, 사람들의 상태에 따라서 안 좋게 변할 수 있기에 육아 여행지를 추천할 때는 가끔 조심스러운 마음을 가집니다. 왜 가끔이냐면 우리 가족은 즐겁게 지내고 온 추억의 장소이기 때문이죠.

Q&A 다음부터는 우리 가족의 육아 여행기가 이어집니다. 내용을 보시면 아시겠지만, 우리 가족도 일반적인 가족들처럼 여행을 시작했습니다.

아이가 어리면 여행의 시작은 병원, 산후조리원, 집이 됩니다. 그러다가 외출이 가능해지면 마트도 가고 놀이터도 가면서 조금씩 반경을 넓혀나갑니다. 너무 어리면 병이라도 옮아 올까 봐 사람 많은 곳은 잘 못 다니다가, 조금 튼튼해지면 키즈카페도 가고, 찜질방도 갑니다.

어느 순간이 되면 비행기를 타 보고 싶습니다. 아이가 어리니 멀리 못갑니다. 제주도로 시험 삼아 여행을 가 봅니다. 처음 비행기를 타면 참 떨립니다. 혹시 아이가 귀 아파할까, 비행기에서 칭얼댈까 하는 걱정도 합니다.

제주도 여행이 성공적이면 아이가 24개월 전에 4시간 이내의 여행지를 공략합니다. 개인적으로는 1~2시간이면 갈 수 있는 일본을 추천해 드리고 싶습니다. 일본을 여러 번 가봤지만 참 얄미울 정도로 아이들을 위한 편의 시설이 잘되어 있거든요.

아이가 커 가면서 키즈카페가 작아집니다. 자주 가기에 비용도 무시하기 어렵죠. 그러면 과학관이나 박물관으로 여행을 다닙니다. 지역마다 있는 유명 놀이터도 탐방해 봅니다. 우리나라에는 무료로 이용할 수 있는 좋은 곳이 생각보다 많이 있습니다.

적응이 되면 시간을 내어서 일반적으로 사람들이 많이 가는 여행지로 떠납니다. 괌, 사이판, 필리핀 같은 곳들이죠. 조금 더 아이들이 튼튼해지면 4시간이 넘는 여행지도 도전해 봅니다. 싱가포르, 말레이시아, 태국, 인도네시아 같은 나라입니다. 미국이나 유럽 쪽으로 여행을 가면 이미 육아 여행이 아닐 겁니다. 체험학습이 되겠죠.

제가 여행지를 딱 추천해 드리기 어려운 것은 앞에서 이야기해 드렸듯이, 각 가정의 상황이 다르고 아이들의 성향이 다르기 때문입니다. 지금부터 이어지는 여행기를 읽어 보시면서 각자 가족에게 맞는 그리고 아이의 성향에 맞는 여행지와 여행 스타일을 찾아보시면 어떨까요? 읽다 보면 어느 순간 우리 가족만의 딱 맞는 여행지가 생겨나 있을 겁니다.

아이들과 함께한 ─제주도 같지만─ 괌 여행. #미국령 괌

여행은 아이들과 함께 걸어가는 것이다. #강원도 하늘목장

우리 아이 0살

- 세상을 탐험하다

하늘이 나에게 준 선물인 우리 아이. 나는 아이가 아내의 배 속 탐험을
시작할 때 함께 새로운 세상을 탐험했습니다. 마치 처음 영어를 배우듯이
말이죠. 배워도, 배워도 새로운 영어처럼, 우리 아이들은 알면 알수록
새로웠습니다. 그래서 나를 선택해 준 고마운 우리 아이들을 위해서 함께
세상 탐험을 했습니다. 그저 나의 바람은 내가 우리 아이들을 지켜주는
든든한 나무가 되는 것입니다.

01.
임신은 육아 여행의 시작,
탄생은 탐험의 시작

"자기야. 나 생리를 안 하는 것 같아."
"응? 몸이 안 좋나?"

아내가 생리 이야기를 하니 불현듯 이런 생각이 솟아난다. '몸이 안 좋은가? 임신인가?' 괜스레 불안하지 않은 척 아내에게 물어본다.

"요새 무리하더니, 피곤한 거 아냐?"
"몸이 좀 안 좋은 것 같기도 하고, 혹시 모르니까 약국에 가서 테스터기 좀 사다 줘."
"아, 그럴까?"

남자가 약국에 임신 테스터기를 사러 가면, 들어가면서부터 쭈뼛대게 된다. 들어가기 전부터 머릿속에서 무슨 이야기를 할까 시뮬레이션을 돌린다. 결국은 살짝 떨면서, 대범한 척하며 임신 테스터기를 샀다. 테스터기를 들고 집으로 가면서 속으로 생각했다.
'진짜 임신이면 어떻게 하지? TV에서 보듯이 오버를 좀 해서 좋아해야 하나? 지금 아이를 잘 키울 수 있을까? 아이 키우면 돈이 많이 든다는데, 경제적으로 문제가 없을까? 맞벌이는 계속할 수 있나?' 많은 생각을 하며 테스터기를 사다가 아내에게 주었다. 잠시 후 아내가 나오면서 이야기한다.

"자기야, 나 임신이야. 두 줄 나왔어."

아내가 조심스럽게 테스터기를 보여 주었다. 정말 두 줄이다.

"어, 그래? 우와, 축하해!"

약국에 가면서 임신이 맞는다면 어떻게 반응해야 하나 생각했지만, 실제로 현실이 되니 "축하해."라고 말하는 반응이 살짝 느렸다. 아내는 눈치채지 못했을 거라고 믿어본다. 아니, 아내도 정신이 없었을 거다. 아내도 놀라고 당황스러웠을 테니까 말이다.

아내가 임신하면서 나에게도 새로운 인생이 시작되었다. 아빠로서의 인생 말이다. 본격적으로 내가 알지 못하는 세상으로의 여행이 시작된 것이다. 물론 배 속에 있는 우리 아이도 엄마 배 속을 탐험하며 세상을 여행할 준비를 하고 있을 것이다.

나는 공감 능력이 부족하기에 아내가 임신했다고 이야기하는 순간에는 얼른 실감이 나지 않았다. 언제 실감이 났냐고? 산부인과에 가서 아이의 심장 소리를 듣는 순간에서야 눈물이 찔끔 났다. 산부인과에서 아이의 심장 소리를 듣자 마음 깊숙한 곳에서 '아, 내가 드디어 아빠가 되었구나. 감격스럽다' 하는 소리가 울려왔다.

아빠의 감정을 느꼈기에 그때부터 아이 맞이 준비를 시작했다. 당장 할 수 있는 것이 무엇이 있을까? 고민해 보니 두 가지를 발견했다. '아내 편하게 해 주기'와 '태교'였다.

아내를 편하게 해 주는 건 실패했다. 맞벌이 부부다 보니 아내가 아이가 태어나는 날까지 일했기 때문이다. 당시에는 젊었기에 당연하다고 생각했는데, 지금도 가끔 아내가 "손목이 아프다.", "허리가 아프다."라고 하면 마음 한구석이 아린다. 그때는 그저 '젊어서 열심히 일하는 거야'라는 생각만 했다. 지금 다시 돌이켜 보니 그렇게 무던하게 생각해 준 아내가 존경스럽다.

맞벌이여서 아내 편하게 해 주기는 잘하기 어려우니 태교라도 열심히 해 보고자 아내랑 많은 이야기를 하고 다양한 시도를 해 보았다.

먼저 클래식 음악 듣기를 시작했다. 아내랑 나는 대중가요도 아니고 라디오 듣는 것이 모든 음악 감상의 전부였다. 특히 운전을 많이 하는 아내는 차에서 라디오 듣는 게 삶의 낙이었는데 아이가 생겼다고 갑자기 클래식 음악을 들으니 그게 되겠는가? 처음 두 달 정도는 열심히 들었으나 그 이후에는 몇 년 지나서 클래식 CD를 자동차 구석 어디선가 본 기억이 난다.

임신 3개월쯤 되었을 때는 클래식 감상에 실패했으니 영어 태교라도 해 보자고 마음을 먹었다. 인생을 살아 보니 영어가 가장 큰 도움이 되었기에 아이들에게 영어만은 남겨주고픈 마음이 있었다. 영어 공부는 정말 열심히 했다. 하루에 30분이라도 아내의 배에 대고 영어로 된 글을 읽어 주었다. 아이가 태어나기 전까지 영어 읽기를 끊임없이 했다. 우리 아이가 영어 신동이 되기를 기대하면서 말이다.

지금 와서야 하는 이야기지만 다 부질없다. 우리 딸은 영어를 싫어한다. 우리 딸은 나를 닮았다. 이해하지 못하는 것을 싫어한다. 그래서 유전자의 힘은 위대하다고 하나 보다. 어느 날은 엄마들 모임에서 내가 이렇게 물어본 적이 있다.

"우리 딸이 영어를 싫어하는데, 영어 공부를 어떻게 시키면 좋을까요?"

그때 한 엄마가 물어봤다.

"영어 태교 안 하셨어요?"
"아니에요. 했지요."
"근데 왜 그런데요?"

그걸 몰라서 내가 물어본 건데 나한테 다시 물어보다니. 결국, 나는 부질없는 태교를 했다. 아니, 나중에 우리 아이가 크면 혹시 달라질지 모르니 지금 섣불리 부질없다는 표현을 쓰지 말아야겠다. 언젠가는 빛을 발할 것이다. 그러길 바라본다.

어느 날 새벽에 아내가 나를 깨웠다. 진통이 오는 것 같단다. 나는 임산부 교실에서 배운 대로 샤워하고, 가볍게 식사도 하고 나서 아내를 태워서 산부인과로 향했다.

아내는 산부인과 가기 전에 내 두 손을 꼭 잡고 이야기했다.

"내가 아무리 힘들다고 해도, 자연 분만하겠다고 의사에게 이야기해 줘."
"알았어. 꼭 그렇게."

우리 딸은 10시간의 진통 끝에 제왕절개로 태어났다. 지금 아내는 이야기한다. 그 당시 10시간 동안 진통할 때 빨리 제왕절개를 선택하지 않은 나를 저주했다고. 어찌겠나. 나는 지시한 대로 행하는 남자다.

임신하면서 시작한 육아 여행은 딸이 세상에 태어나면서 본격적인 탐험에 들어갔다. 아빠도, 엄마도 부모가 되는 것은 처음이기에 아이와 함께 육아 여행이라는 탐험을 시작한다. 육아 여행의 모든 순간이 장밋빛의 아름다운 여행이라고 믿지는 않지만, 내 아이와 함께하는 여행이기에 아빠의 의무를 다하리라 다짐한다. 딸이 세상을 탐험할 때 훌륭한 길잡이가 되겠다고 다짐한다.

딸이 태어나면서부터 지금까지도 나는 여전히 탐험대의 길잡이다. 앞으로도 아이들과 함께 세상을 여행하면서 길잡이가 될 것이다. 영원히 함께하는 길잡이가 될 것이다.

임신 전에 아내와 다녀온 이끼 계곡이다.

아이와 함께 다시 찾아가려면 오랜 시간이 흐른 후일 것이다. #강원도 이끼 계곡

02.
부부만을 위한 마지막 여행
– 필리핀 세부 태교 여행

여행을 다녀오면 극기 훈련을 경험했다고 후회하면서도 얼마 안 가 아내와 손잡고 다음 여행지를 검색한다. 아, 손을 잡고서 검색할 수는 없으니 각자 앉아서 검색한다. 여행 계획을 검색할 때 보면 부부 사이가 안 좋아서 집에서 대화도 없이 스마트폰만 보는 부부라고 할 것 같다.

여행을 좋아하던 우리 부부도 여행을 못 가던 시기가 있었다. 바로 아이가 태어나고 1년 동안이다. 아이마다 다르고 부모마다 다르지만, 우리 첫째 아이하고는 1년간 국내 여행도 가지 못했고 해외여행도 2년간 다니지 못했다. 인터넷에 다른 엄마들이 쓴 여행 후기를 보면 6개월 정도 되는 아이를 데리고 해외여행도 많이 다니는데, 우리는 아이 돌 때까지 차로 1시간 이내의 거리도 간신히 돌아다녔다. 아이가 차를 타고 10분만 가면 토하고 울기에 여행은 꿈도 꾸지 못했다. 1시간 거리 가는 것도 1년간 연습을 하니 그럭저럭 버티며 갈 수 있었다. 둘째 아이는 24개월까지도 여행이 힘들었다. 아직도 공항버스 안에서 둘째가 너무 울어서 한 시간 넘게 안고 서서 갔던 기억이 선명하다.

아이들이 태어나서 한동안 여행을 가지 못했기에 누군가가 나에게 태교 여행을 꼭 가야 하냐고 물어보면 나는 꼭 가야 한다고 대답한다. 한동안 여행하기 어렵기도 하지만, 임신했을 때 여행하는 것하고 갓난아이를 데리고 여행하는 것을 비교해 보면 임신했을 때가 100배 더 행복하다. 조금 더 보태면 다섯 살 아이랑 여행 가는 것보다 임신 때 여행을 가는 게 더 재미가 있다. 아이가 여섯 살 정도 되면 임신 때 갔던 것 정도의 재미는 생기는 것 같다.

태교 여행하면 보통 해외를 생각하는데 산모의 상태나 평상시 여행의 패턴에 따라서 국내로 가는 것도 좋다. 아직도 내 주변에는 비행기를 신혼여행 때 말고는 타 보지 못한 친구도 있다. 그 친구는 여행을 많이 해 보지 못했기 때문에 여전히 해외여행을 하는 것이 두렵다고 한다. 또 내 주변의 어떤 분은 비행기 공포증이 있다. 그런 사람에게 해외로 태교 여행을 가자고 하면 엄청난 스트레스를 주게 되는 것이다. 임산부에게 스트레스는 독이다. 비행기를 타기 싫어하는 사람에게 억지로 비행기 태울 필요는 없다. 국내에도 좋은 여행지가 많기 때문이다.

우리 부부는 국내 여행과 해외여행 둘 다 좋아하지만, 한동안은 비행기를 타기 어렵다는 생각에 해외로 태교 여행을 다녀왔다. 태교 여행을 준비하면서 가장 걱정되었던 것은 태아의 건강과 산모의 건강이다. '괜히 비행기를 타서 아이가 배 속에서 힘들어하지 않을까?' 하는 걱정에서부터 '아이에게 안 좋은 영향이 있지 않을까?' 하는 걱정까지, 임신 후에 비행기를 타려고 하니 속된 말로 '걱정충'이 돼버린 듯했다.

결론적으로 배 속에서 비행기를 한 번 이상씩 탔던 우리 아이들은 둘 다 건강하다. 전문가들도 임신 14~24주 사이에는 태아가 안전하므로 비행기를 타도 태아에게 전혀 위험이 없다고 한다. 다만 임산부는 혈액 순환이 잘되지 않아 다리가 붓거나 하므로 태아보다 임산부가 비행기 타는 데 더 힘들다고 하니 남편들이 신경을 많이 써 줘야 한다. 아내도 비행기에서 몸이 불편해서 자주 움직였던 것이 기억난다.

태교 여행 가는 것을 추천하기는 하지만, 경제적인 문제와 시간적인 문제로 못 가는 사람들도 분명히 있다. 멀리 가지 못한다면, 하루 정도는 시간을 내서 아내에게 행복한 추억을 남겨 주면 좋겠다. 단 하루의 즐거움이지만, 산모는 오랫동안 행복하게 기억할 것이다. 산모의 행복한 마음은 분명히 태아에게까지 전달이 된다.

첫째 아이 때는 태교 여행으로 필리핀을 선택했다. 출산 이후 2년 간은 비행기를 타지 못할 거라는 생각이 결정적인 계기였다. 임신 전에 두 번 정도 필리핀 여행을 했던 것도 결정의 한 축을 담당했다.

태교 여행에서 가장 중요한 건 무엇일까? 액티비티(activity)보다는 휴양이다. 임산부가 힘들 수 있으므로 거리도 중요하다. 그러므로 태교 여행은 동남아권으로 많이 가게 된다. 따뜻하고, 거리도 가깝고, 저렴하게 쉴 수 있기 때문이다.

우리는 필리핀을 선택했지만, 다음에 간다면 싱가포르, 괌, 사이판 등을 고려할 것 같다. 필리핀은 아직도 리조트만 깨끗하고 주변은 지저분하기 때문이다. 경제적인 부분의 고려가 필요하다면 말레이시아도 좋은 선택지다.

필리핀 여행 때는 보통 20만 원대의 필리핀 저가 항공을 이용했다. 간혹 10만 원 이하로 나오는 에어아시아를 타고 배낭만 메고 갔던 적도 있지만, 태교 여행이기에 불안한 마음에 40만 원대의 비용을 들여 한국 저가 항공을 이용했다. 마음은 대한항공이나 아시아나항공이었지만 우리의 경제 사정을 생각해서 타협한 것이다. 이용해 보면 알겠지만, 현지의 저가 항공사보다 한국의 저가 항공사가 좀 더 쾌적하다.

임신 전 필리핀 여행 때는 5만 원 전후의 호텔을 이용했는데 태교 여행이기에 10만 원 전후의 호텔을 선택해서 갔다. 고급 리조트도 고민했지만, 임산부가 물놀이를 신나게 할 수도 없기에 아이가 태어나고 즐길 수 있을 때 고급 리조트로 가자고 이야기를 했다. 결론적으로 세부를 선택한 것도, 속칭 '가성비(가격 대비 성능비)'가 좋은 호텔을 선택한 것도 우리에게는 기억에 남는 추억이 되었다.

여행을 위해 신나게 공항철도를 타고 이동하는데 무언가 찜찜했다. 공항에 거의 도착해서야 그 찜찜함의 정체를 알았다. 카메라를 집에 놓고 온 것이었다. 지금이야 스마트폰 성능이 좋아서 휴대폰으로도 멋진 사진을 찍을 수 있지만, 그 당시의 스마트폰 카메라는 지금 우리 딸이 갖고 노는 장난감 카메라 수준이었다.

카메라를 챙기지 못한 건 나인데 괜스레 아내에게 짜증을 냈다. 아빠로서도, 남편으로서도 미흡한 남자였다. 태교 여행은 아내를 편하게 해 주어야 하는데 미흡한 남자라서 개념이 부족했으리라.

내가 짜증을 내니 아내도 황당해서 말다툼이 벌어졌다. 그렇게 말다툼하다가 아차 하는 생각이 들었다. 태교 여행이고 아이가 배 속에 있다는 생각이 번뜩 든 것이다. 바로 사과를 했지만, 아내의 표정은 세부에 도착할 때까지 풀리지 않았다.

세부에 도착해서 조금씩 기분이 풀린 아내와 함께 사진을 찍었다. 초창기 스마트폰이라 사진의 퀄리티가 떨어지기는 했지만, 사진이 남아 있는 것이 어딘가? 사진이 남아 있다는 것만으로 추억이 방울방울 하다.

그렇게 우리는 가성비 넘치는 태교 여행을 다녀왔고 그 당시 갔었던 필리핀의 비 리조트는 사진만 봐도 흐뭇하다. 하지만, 미흡한 나의 모습을 반성해 본다. 태교 여행은 아내를 소중하게 생각하는 마음이 먼저여야 하는데 겨우 카메라 하나 때문에 아내의 기분을 상하게 했다. 아내가 행복해야 배 속의 아이가 행복하다는 것을 머릿속으로만 알고 있었던 듯하다.

아빠가 되는 것이 처음이니 미흡한 것은 당연하다. 다음에는 그러지 말아야지 하고 다짐해 보지만, 일단은 지금의 두 아이만 잘 키우고 싶다. 셋째 아이는 아직 내 인생 계획에 올려놓고 싶지 않다.

태교 여행을 가면서 아내와 "이번 여행이 부부만의 마지막 여행이겠지?" 하면서 이야기를 나누었다. 돌아보니 진실로 마지막 여행이었다. 지금은 아이들이 고등학교만 들어가면 둘만 여행 가 보자고 농담 삼아 이야기한다. 상상해 보기는 하지만, 젊어서 여행 가는 것과 나이 들어서 가는 것은 느낌이 다를 듯하다.

태교 여행은 아내에게도, 남편에게도 소중한 시간이다. 둘이 젊을 때 손잡고 오롯이 함께하는 마지막 시간이기 때문이다. 오롯이 둘만 있기에 생각도 많아지고 이야기도 많이 하게 된다. 배 속에 아이가 있으므로 관광보다는 휴양을 했기에 여유 있는 시간에 아내랑여러 가지 이야기를 했다.

"우리 아이가 건강하게만 나왔으면 좋겠다."
"이름은 뭐라고 지을까? 작명소 한 번 가 볼까?"
"교육은 어떻게 해야 하는 거지?"

"아이가 태어나면 준비해야 할 게 뭐가 있을까?"
"우리 행복하게 살자. 내가 잘할게."
"아이가 태어나면 1년에 한 번은 해외여행 가자."

　태교 여행은 삶에 대해서, 아이에 대해서 많은 이야기를 여유 있고 행복하게 부부끼리 나누는 마지막 시간이 된다. 아이를 키우면 알겠지만, 나중이 되면 그 당시에 나눈 미래에 대한 걱정과 여유로운 대화가 그리워진다.

　태교 여행은 짧게, 길게 그리고 국내, 해외 등의 여부가 중요한 것이 아니라 아내가 행복하다고 느끼는 것이 제일 중요하다. 아내가 행복하면 배 속의 아이도 행복해진다.
　부부가 오롯이 함께하는 마지막 여행이라 나중에 더욱 그리워진다. 태교 여행을 간다면, 소중하고 행복한 시간에 사소한 것으로 다투지 말고 즐거워했으면 좋겠다. 글을 쓰고 나니 왠지 찔려서 카메라를 한 번 쳐다본다.

장난감 카메라 수준의 스마트폰 카메라로 찍은 세부 비 리조트에서 본 바다 풍경이다. #필리핀 세부

스마트폰 카메라 애플리케이션으로 찍은 수채화 사진. 나름대로 느낌이 있다. #필리핀 세부

03.
아이 덕분에 부모도 새로운 곳으로 여행한다
- 첫 번째 이사

요새 기사에서 저출산이라는 이야기와 아파트 매매가 안 된다는 이야기가 심심치 않게 나오고 있는데 그 와중에서 '초품아'라는 단어가 부상하고 있다. 초품아란 초등학교를 품은 아파트란 뜻이다. 당연히 기존의 강남 8학군처럼 학군이 좋은 곳은 더욱 인기가 많다. 아이를 1~2명만 낳으니 최대한 좋은 교육과 안전한 교육을 시키겠다는 부모들의 생각이 아닌가 싶다.

우리는 초등학교를 품은 아파트는 아니지만, 초등학교 옆에 있는 집에 살고 있다. 초등학교 때문에 이 집에 사는 것은 아니고 아이 덕분에 우연히 지금의 집에서 살고 있다.

첫 신혼집은 서울의 왕십리 쪽이었다. 아내가 신혼의 로망을 실현하고 싶다고 해서 대출을 받아서 아파트에 살게 되었는데 빚이 1억 5천만 원이었다. 그 당시 이자가 62만 원 정도였으니 62만 원짜리 월세 아파트에 살게 된 셈이다.

인테리어를 하는 친구를 통해서 반 셀프로 저렴하게 인테리어를 하고 소중한 첫 집에서 신혼 생활을 시작했다. 그 당시 아파트의 입지가 너무 좋았는데, 우리가 사는 아파트는 약 3천 세대, 길 건너 아파트가 약 3천 세대였다. 롯데마트가 아파트 단지에 붙어있고 길 하나만 건너면 바로 초등학교였다. 도보 10분 거리에 도서관이 있고 베란다 창문으로는 사시사철 산을 볼 수 있었다. 봄에는 개나리와 진달래가 만발하고, 가을에는 낙엽이 운치 있었다. 겨울의 눈 덮인 산을 볼 때는 정말 예술이었다. 다만, 여름에 베란다 방충망에 붙어서 우는 매미 소리는 밤잠을 설치게 했지만, 우리 가족의 첫 보금자리이기에 만족감은 이루 말할 수 없었다.

물론 신혼 때는 아이가 없었기 때문에 초등학교나 어린이집을 신경 쓰지 않았는데 '아이가 태어나면 초등학교 때까지는 큰 문제가 없겠구나' 하는 생각은 하고 있었다.

신혼집에서 행복하게 살면서 우리 부부는 아이에 대해서 이야기했고 신혼 생활을 1년 정도 지내고 나서 첫째 아이를 임신하였다. 예비 부모이기에 아이를 키우는 것에 대해 아는 게 전혀 없었다. 양가 통틀어서 우리 아이가 첫째여서 아이를 키우는 요령이나 아이를 키우면서 생기는 문제에 대해 심도 있는 대화를 나눌 사람도 없었다.

우리 부부는 결혼부터 양가의 도움을 받지 않고 시작했기 때문에 아이도 맞벌이하면서 우리가 키우자고 굳게 다짐을 했다. 임신 사실을 알게 되면서 제일 먼저 한 것은 어린이집 신청이었다. 지금은 출산 후에 홈페이지에서 최대 세 군데까지만 어린이집 입소 대기 신청이 가능하지만, 그 당시는 임신만 해도 무제한으로 입소 대기 신청이 가능했다. 좋은 어린이집에 들어가는 것이 어렵다는 소식에 집 근처에 있는 어린이집 여러 군데에 무작정 입소 대기 신청부터 했다.

아내의 배가 불러오고 태교도 조금씩 하면서 아이 키우는 것에 대한 정보를 수집했다. 그렇게 정보를 모으다가 실제적인 내용을 알게 되었는데, 맞벌이하면서는 아이를 키우기가 어렵다는 사실이었다.

아내도 아이가 처음이기에 육아 휴직을 하지 않고 출산 휴가만 쓰고 회사로 복귀하려고 마음먹었다. 여기저기 알아보니 갓난아이를 맡아 주는 어린이집은 거의 없었다. 어떤 어린이집에서는 아이가 돌도 되지 않았다면 10시에 등원해서 1~2시에는 데리고 나와야 한다고 했다. 우리에게는 청천벽력같은 소식이었다. 실제로 아이를 키워본 적이 없으니 정보를 이해하는 데도 시간이 오래 걸렸다.

임신 5개월 정도 되었을 때, 어떻게 아이를 키울 것인가에 대해서 아내와 자주 이야기를 나누었다. 결론은 세 가지 중 하나였다. ① 아내가 출산 휴가+육아 휴직을 한다. ② 입주 도우미를 부른다. ③ 양가 중 어느 곳으로든 가까운 곳으로 이사를 해서 양가 부모님에게 도움을 청한다.

우리가 들은 정보로는 육아 휴직은 아이가 초등학생일 때 쓰는 것이 가장 좋다고 했다. 실제로 지금 우리 딸이 초등학생인데 아이가 1학년 초반일 때는 엄마의 손길이 정말로 필요하다. 그래서 요새 엄마들은 출산하고 6개월, 아이 초등학교 갈 때 6개월 이렇게 육아 휴직을 사용한다고 한다.

우리도 아이가 학교에 갈 때가 걱정되어서 아내가 육아 휴직을 하지 않기로 했다. 그래서 입주 도우미를 알아보았는데 생각보다 비용이 만만치가 않았다. 게다가 우리 집에 남이 들어와서 산다는 것이 그리 달갑지 않기도 했다.

한 달 내내 아내와 상의를 하고 양가 중 어느 곳으로든 근처로 이사하는 것으로 결론을 내렸다. 물론 빚은 많았지만, 우리가 처음 마련하고 인테리어를 한 집을 2년도 안 되어서 떠나기가 정말 싫었다. 하지만 어쩔 수 없었다. 아이를 위해서 우리의 터전을 옮기기로 했다.

양가 부모님과 몇 번 상의했으나 처가 쪽은 아이를 돌봐주실 상황이 아니었다. 집값도 시댁 쪽보다 비싸고 상태가 좋지 않았기에 최종적으로 시댁(우리 부모님이지만, 편의상 시댁으로 쓰겠다) 근처로 이사하면서 도움을 받기로 했다. 시댁 근처에 몇 개 매물이 나왔는데 하나는 시댁 부모님 바로 위층 집, 그리고 투룸의 저렴한 오피스텔, 쓰리룸의 조금 비싼 오피스텔이었다.

우리 부모님 근처에 사는 것은 아내가 불편할 것 같아서 우선 패스했다. 투룸은 잠깐 살기에는 좋으나 오래 살기에는 불편할 듯해서 제외하고 최종적으로 부모님 댁에서 차로 5분 정도 거리의 쓰리룸 오피스텔로 결정했다. 우리가 의도한 건 아니지만 이 오피스텔 바로 옆이 초등학교여서 초품아를 흉내 낸 초품오 정도는 된다. 지금 우리 딸은 느지막이 일어나서 학교에 간다.

우리 딸이 태어나고 약 3개월 정도 지나서 지금 사는 집으로 이사를 했다. 그 당시 아내는 처가에서 몸조리하고 있었기 때문에 나 혼자 이사를 해야만 했다. 이삿짐을 나르고 중간에 혼자 자장면을 먹는데 기쁨보다는 '내가 왜 혼자 이러고 있을까?' 하는 생각을 해 봤다. 칭찬받고 싶어서였을 거다. 혼자 자장면을 먹고 칭찬을 받고 싶어서 더 열심히 이삿짐을 정리했다.

얼마 전에 인터넷에서 재테크 칼럼을 본 적이 있다. 아이가 초등학교에 입학하기 전에 오래 살 주거지를 선택해야 한다는 글이었다. 그 칼럼에는 한 가족의 사례가 나와 있었다. 초등학교를 졸업하면서 좋은 중학교에 가려고 이사를 했는데 아이가 힘들어해서 다시 초등학교 근처로 집을 알아보고 있다는 이야기였다.

요새 그 말을 실감하게 된다. 지금은 서울에 살지만, 조금이라도 공기가 좋은 곳으로 이사하고 싶어서 딸에게 물어봤더니 일언지하에 거절당했다. 이유는 친구랑 헤어지기 싫어서라고 한다. 딸이 6살 때였다.

딸이 어느새 8살이 되어서 초등학교 1학년인데, 어린이집 친구들과 같은 학교에 다니니 학교에 적응을 너무 잘하고 있다. 아직까지

학교의 모든 것이 재밌다고 한다.

임신하겠다고 마음먹으면 터전을 바꿀 수도 있다는 생각도 해야 한다. 그 터전에서 최대한 오래 살 것이라는 생각도 해야 한다. 부모가 힘들더라도 아이가 편하게 생활할 수 있도록 도움을 주어야 한다.

터전을 옮기는 것을 아이 때문에 희생한다고 생각하면 안 된다. 우리 가족이 행복해지기 위해서 선택한 것이다. 부모는 부모가 힘들어한 것들에 대한 보답을 아이들의 웃음으로 보상받는다. 터전을 옮기는 것도 우리 아이들을 위한 희생이 아니라 태어나서 받을 웃음에 미리 보답하는 것이다.

인생에서 터전을 옮기는 것은 자주 생각하기 어려운 여행이다. 아이를 키우는 데 더 좋은 환경을 찾아서, 또는 아이를 돌봐줄 사람을 찾아서 여행하게 될 수도 있다.

내가 이런 이야기를 하니 누군가가 맹자의 어머니가 아들의 교육을 위해서 3번 이사했다는 맹모삼천지교(孟母三遷之敎)를 옆에서 이야기한다. 나는 경제적인 여유가 있는 편이 아니라 교육을 위해 좋은 곳으로 터전을 옮기지는 못했지만, 좋은 육아 환경을 위해서 터전을 바꾸는 여행을 했다. 우리 아이들의 웃음을 위해서 말이다.

04.
난 병원에서 태어났지만,
산후조리원으로 여행 간다

남자 관점에서 산후조리라는 이야기를 들으면, 꼭 해야 한다는 생각보다 '산후조리가 뭐지?', '해야 하는 거 맞아?'라는 생각부터 든다. 나도 첫째 아이 때는 '왜 이 비싼 산후조리원을 이용해야 해? 집에서 하면 안 돼? 장모님이랑 하면 안 돼?' 하는 생각들을 했다. 물론 입 밖으로 한 번도 내지는 못했다. 하지만 둘째 아이를 임신하고 나서는 바로 산후조리원을 알아보라고 했다. 아내의 몸을 위해서는 산후조리가 중요하다는 것을 알게 됐기 때문이다.

산후조리가 우리나라 고유의 문화일까? 예전에 SBS 스페셜 〈산후조리 100일의 기적〉 프로그램에서 이 내용을 다룬 기억이 난다. 아시아권에는 산후조리 문화가 있는 곳이 많았고 백인계 문화에서는 산후조리를 이해하지 못하는 경향이 있었다. 다큐멘터리가 책으로도 나왔는데 논리를 중요시하는 남편들에게는 책이나 프로그램을 보여 주면 산후조리라는 것에 대해서 쉽게 이해할 것이라고 본다.
이렇게 글을 쓰다가 갑자기 궁금해서 산후조리의 역사에 대해서 검색해 봤다.

『세종실록(世宗實錄)』에는 경외의 여종(婢子)이 아이를 배어 출산하면 산후 1백일 안에는 사역(使役)을 시키지 말라는 법과 더불어 아이와 산모를 보호하기 위해 그 남편에게 만 30일 뒤에 일을 부리도록 한 기록이 있다. 사역하던 여종이 100일의 휴가를 얻은 것을 통해 산모가 조리하는 기간의 최대치를 추정해 볼 수 있다. 반면, 남편에게 준 30일은 최소 조리 기간으로 볼 수 있다.[1]

이 이야기를 보통은 남자도 육아 휴직이 필요하다는 논리에 많이 응용하지만, 첫 번째 문장을 보면 여자는 출산하고 1백일은 쉬어야 한다고 되어 있다. 우리 조상님들도 산후조리가 중요하다는 것을 오래전부터 알고 있었던 것이다.

중요한 건 알겠는데, 문제는 이 산후조리를 어디서 해야 하냐는 것이다. 예전에는 집으로 친정엄마가 와서 해 주는 것이 일반적이었지만, 어른들도 힘들고 육아관이 서로 맞지 않다 보니 어느 순간부터는 산후조리원에서 산후조리 하는 것이 대세가 되었다. 산후조리원은 1997년부터 우리나라에 생겨났다고 한다. 생각보다 역사가 길지는 않지만, 보편화가 되어 있고 비용도 매해 비싸지고 있다.

산후조리원이 대세이다 보니 아이를 임신하고 배 속의 아이와 가장 먼저 하는 것이 산후조리원 투어다. 여자들은 임신하면 감정의 변화가 심해지므로 아내가 산후조리원 투어를 간다고 남편에게 이야기하면 남편은 "당연히 같이 가야지!" 하면서 따라가는 것이 좋다. 싸움의 빌미를 만들어 봐야 나중에 서로 힘들기 때문이다.

나도 아내가 예약한 산후조리원 세 군데를 투어 갔었다. 하나는

---

1   출처: 네이버 지식백과 - 산후조리(한국일생의례사전, 국립민속박물관)

처가 근처의 좀 비싼 조리원, 또 하나는 엄마들 사이에서 괜찮다고 소문난 중가의 조리원 그리고 마지막은 집 근처에 새로 생긴 신생 조리원이었다. 마음은 처가 근처의 비싼 산후조리원에 아내를 보내고 싶었지만, 다른 곳에 비해 비용이 두 배나 비쌌다. 어쩌겠나. 나는 그냥 아내가 선택하기를 기다렸다. 편하게 비싼 곳을 보내주고 싶었지만 비싼 건 부담스러웠기 때문이다.

다행히 아내는 집 근처 신규 산후조리원에 좋은 조건으로 계약했다. 나는 속으로 '다행이다'라고 생각했다. 나라고 비싸고 좋은 곳에 안 보내고 싶을까? 하지만 부담되는 것은 어쩔 수 없었다.

산후조리원을 경험하게 되면 산후조리원의 편함을 알 수 있게 된다. 밥과 설거지도 안 해도 되고, 때 되면 간식 주고, 아내가 힘들면 대신 아이 봐주는 사람도 있다는 것이 얼마나 소중한 것인지 아내가 산후조리원에서 집으로 돌아오는 날 절실하게 깨닫게 된다. 물론 아내도 그 시간이 소중했던 시간이란 것을 집에 오게 되면 깨닫게 된다. 사람은 경험하지 못하면 알 수 없으니까 말이다.

그런데, 여기서 한 가지 당황스러운 점이 있다. 아기가 출산 예정일에 태어난다는 보장이 없다는 것이다. 산후조리원의 예약은 아이의 출산 예정일에 맞춰서 하는데 일찍 태어나거나 늦게 태어나면 어떻게 해야 하나? 산후조리원에 들어가지 못하게 되는가?

사실 우리가 그 피해 아닌 피해의 당사자였다. 우리 딸은 예정일보다 2주 먼저 태어났다. 태어나자마자 산후조리원에 언제 입소하겠다고 연락했다. 산후조리원에서는 당연히 그러라고 하겠지, 오지 말라고 하겠나. 그런데 우리가 입소하러 갔더니 방이 없다는 것이다. 당황해하는 우리에게 원래 계약한 방이 아닌 창문이 없는 좁은 방에서 2일만 있으면 방을 옮겨 주겠다고 했다. 지금 생각하면 계약을 따지든지, 방값을 할인해 달라고 이야기하든지 해야 했는데 그 당시에는 그런 것까지 이야기할 정신머리가 없었다. 아빠가 된 것이 처음이니, 처음 하는 것들이 너무 많아서 정신이 없었다.

어쨌든 이틀이 지나고 아내가 쾌적한 방으로 이사를 했다. 그때까지도 큰 불만은 없었다. 산후조리원의 시스템이 만족스러웠기 때문이다. 입소하고 10일 정도 지나서 산후조리원 원장이 면담을 요청했다.

"저기, 어머님, 아버님. 제가 부탁을 좀 드리고 싶은 것이 있는데요."
"네? 어떤 부탁이요?"
"어머니가 건강하시고 해서 혹시 4~5일 정도 조기 퇴소가 가능하실까 해서요."

아, 나는 이때 알았다. 아이의 출생일을 예상할 수 없는데 어떻게 날짜를 맞추는지 말이다. 날짜가 맞지 않아 일찍 들어오는 사람은 임시 방으로 보냈다가 이후에 원래 계약한 방으로 보내고 그것도 어려우면 기존 산모에게 조기 퇴소가 가능한지 의견을 물어서 날짜를 맞추는 것이었다. 사실 우리는 오픈 기념으로 저렴하게 이용하던 중이라 산후조리원 원장으로서는 어서 보내버리고 신규 산모를 받는게 이익이었을 것이다.

그때 우리 부부는 젊었나 보다. 돈을 아낄 수 있다는 생각에 4일치 비용을 환급받고 퇴소했다. 퇴소하면서 우리는 경제적으로 잘 선택했다고 즐거워했다. 아내가 첫째 아이를 낳을 때라 젊었기에 가능했던 것이지, 만약에 둘째 아이 때 이런 일이 있었다면 힘들어서 퇴소 안 한다고 했을 것이다.

산후조리원이라는 것은 이제는 출산 후 필수 코스가 되었다. 그러다 보니 우리 아이가 태어나고 나서 제일 처음 가는 여행지가 되어 버렸다. 산후조리원을 비싼 곳을 선택해야 하는지, 가성비를 따져가며 선택해야 하는지 등을 이야기하고 싶지는 않다. 산후조리원도 그때그때 다르고 사람마다 느끼는 평가가 다르므로 부부가 함께 결정해야 한다.

다만, 산후조리원은 우리 아이가 태어나서 처음 여행 가는 곳이니 아빠도, 엄마도 우리 아이를 위해서 많이 보고 좋은 곳으로 선택하기를 바란다. 특히 아빠들은 엄마가 투어를 가자고 하면 귀찮아하지 말아야 한다. 산후조리원이 우리 아이의 첫 번째 여행지이니 말이다. 나중에 아이가 집에 들어오면 알겠지만, 산후조리원은 정말 편한 곳이다. 돈으로 럭셔리를 산 기분이다. 초보 부모에게는 한 번쯤은 가볼 만한 도움 되는 여행지다.

05.
아이와 함께하는
마트 여행

　아내와 나는 맞벌이 부부였다. 보통은 아침에 아내가 시댁에 아이를 맡기고 출근하고, 일찍 퇴근하는 사람이 아이를 찾아오는 것이 일상이었다. 그러다가 간혹 아침에 두 명 다 일찍 출근하는 날이 오면 항상 고민에 빠졌다.

'누군가 한 명이 늦게 출근할 수 있을까?'
'아침 일찍 어머니 댁으로 아이를 데려다줄까?'
'저녁에 한번 어머니 댁에서 재워 볼까?'

　돌이 되지 않은 어린 아기였기에 우리는 항상 고민했다. '저 어린 아이를 어떻게 엄마에게서 떼어놓을 수 있나?'라는 생각 때문에 결국 아침 일찍 어머니 댁에 데려다주거나 누군가 한 명이 늦게 출근하는 방법을 택했다. 그러다 아내가 출장을 가게 되고 내가 일찍 출근해야 하는 날이 겹치자 어쩔 수 없이 그 전날에 어머니 댁에 아이를 맡기기로 했다.

　우리 딸이 양가 통틀어서 첫째 딸이기에 부모님도 기꺼이 손녀를 맡아 주시기로 하셔서 저녁에 부모님 댁으로 아이와 함께 방문했다. 저녁을 먹고 집에 가야 하는데 아이가 울면서 떨어지지 않으려고 하니 아이한테 미안하고 부모님께 죄송한 마음뿐이었다.

어찌어찌 아이를 떼어 놓고 부모님 댁을 나오는데 갑자기 발걸음이 가벼워졌다. 간만에 아내와 손잡고 길을 걸으니 데이트하는 듯한 느낌 때문에 설레었다. 잠깐이지만 육아에서 해방됐다는 것이 이렇게 좋을 줄이야. 그러나 그것도 잠시, 1시간 정도 지났는데 어머니에게서 전화가 왔다.

"애야, 아기가 젖병을 물지 않네! 어떻게 해야 하니?"
"아, 어머니 잠깐만요. 아내와 이야기하고 바로 전화 드릴게요."

까탈스러운 우리 딸은 태어날 때부터 젖을 잘 빨지 못했다. 우리가 초보 부모라 부족해서 그랬다는 생각도 들지만, 기본적으로 잘 먹지 않는 아이였다. 아내에게는 적응 잘하던 우리 딸은 아내가 3개월 만에 복직하면서 일찌감치 젖병을 사용하게 되었다. 쉽게 젖병을 사용하는 아이도 있다는데, 우리 딸은 젖병 거부가 심했다.

아내는 본인 아기라서 배고파하는 아기에게 어떻게든 분유를 먹일 수 있었지만, 아기를 보는 데 익숙하지 않은 부모님은 애가 순하지 않다는 이야기를 하며 젖병으로 분유 먹이기를 어려워하셨다. 아이가 젖병으로 분유를 잘 먹지 않는다고 하니 다시 부모님 댁으로 가서 우리가 아이에게 먹여보았다. 엄마가 없다고 화가 난 것인지 젖병을 거부하였다.

우리가 밤새 먹일 수도 없고 해서 젖병과 젖꼭지에 대해서 급하게 인터넷으로 검색했다. 젖병이나 젖꼭지 종류가 상당히 많은데, 그중에서 엄마 가슴과 비슷한 느낌의 젖꼭지가 있다는 것을 발견했다. 출근해야 하기에 아내와 급하게 마트로 젖꼭지를 찾아 여행을 떠났다.

일반적인 젖꼭지는 마트에 많이 있지만, 비싸고 일반적이지 않은 젖꼭지는 찾기가 어려웠다. 차를 끌고 세 군데 마트를 헤매고 나서야 우리가 원했던 젖꼭지를 발견했다. 야밤에 젖꼭지를 찾는 여행이었다.

과연 우리 딸이 이 젖꼭지로는 젖병을 잘 먹을지, 기대 반, 우려 반으로 다시 부모님 댁으로 향했다. 아이가 잘 먹었을 것 같은가? 아쉽게도 잘 먹지 않았다. 그래도 애를 굶길 수는 없으니 꾸역꾸역 먹였는데 기존의 젖꼭지보다는 조금은 수월했다. 다음날 출근을 해야 하기에 안타까운 마음을 뒤로하고 부모님 댁을 떠났다. 물론 우리 딸은 부모님에게 맡기고 말이다.

야밤에 젖꼭지를 찾아 떠나는 여행은 나에게 아이 키우기가 힘들다는 생각을 한 번 더 갖게 하는 사건이었다. 처음부터 젖병을 이용했던 아이는 처음에 몇 번만 고생하고 그 이후에는 큰 문제가 없었을 것이다. 우리 딸은 모유를 수유하다가 아내가 직장에 복귀하면서 혼합 수유를 하니 태어나서 3개월 만에 자기가 먹을 것에 대한 혼란이 왔던 듯하다.

젖병 하나 가지고 까탈스럽게 굴던 딸은 이유식을 먹을 때도 여간 까탈스럽지 않았다. 아내가 미리 해 놓은 이유식을 버리거나, 내가 아침 대신 먹는 것이 다반사였다. 그 당시 딸은 삐쩍 말라서 누가 보면 부모가 아이를 굶기고 학대한다고 생각했으리라. 지금은 그 이후로 부모의 노력 덕분인지 음식을 엄청나게 잘 먹는다. 이젠 허벅지가 탄탄하다.

마트 이야기가 나오니까 생각나는 에피소드가 하나 있다.

어느 날 아내, 아이와 함께 마트에 가는데 그날따라 아내가 아이 기저귀를 챙기지 않았다. 빨리 물건을 사고 집으로 가려고 했던 모양이다. 당시는 한겨울이라 바지도 두툼한 솜바지를 입고 있었다. 우리는 일이 터지기 전에 어서 물건을 사기 위해 주차장에서 내려서 무빙워크에 올라탔다. 그때 딸의 표정이 이상해지더니 두꺼운 바지 밑으로 물이 줄줄 새기 시작했다.

사람이 참 나쁜 게, 그 상황이면 '아, 우리 딸이 쉬야를 했구나! 어서 집에 가야겠다' 하고 생각하고 행동하면 되는데, 나는 아내한테 한마디 했다.

"어휴, 왜 기저귀는 안 가지고 와서 그래?"

뻔하지 않은가? 집에 가는 내내 그리고 집에 가서도 한참을 싸웠다. 집에 가서도 성질내서 미안하다고 사과하는 게 아니고 기저귀 하나만을 물고 늘어졌다. 잘잘못을 따지기보다는 아이가 기저귀 없이 쉬를 한 사실, 그 자체에 집중해야 하는데 마트에서 장을 못 보고 집에 온 것이 짜증이 났던 것이다. 초보 남편, 초보 아빠의 마인드다. 아내는 이런 생각을 했을 것이다.

'왜 나만 준비해야 해? 자기가 준비하면 안 돼?'

그렇다. 아이는 함께 키우는 것인데 서로서로 챙기면 얼마나 좋을까? 지금도 아이들 챙기는 것이 미흡하지만, 그때는 많이 부족했다. 지금도 이 에피소드를 생각하면 아내에게 미안하다.

생각을 바꾸면 기분이 좋아진다. 우리 딸이 젖병을 거부해서 어쩔 수 없이 마트를 갔지만, 아내와 함께 아이 덕분에 마트 데이트를 했다고 생각하니 재미난 추억이 된다. 그 당시는 아이가 너무 어려서 아내와 둘이 어디를 함께 갈 수가 없었기 때문이다.

아내한테 짜증 내던 걸 짜증 내지 않고 '내가 한 번 더 기저귀를 챙길걸' 하는 생각을 했다면 나는 모범 남편, 모범 아빠였을 것이다.

한 번 더 달리 생각해 보면 우리 딸이 엄마, 아빠가 좀 쉬면서 마트 여행이나 하라고 젖병을 거부했던 게 아닌가 싶다. 물론 쇼핑을 싫어하는 아내는 동의하지 않을 것이다. 그럼 아내가 마트 쇼핑을 싫어하는 것을 알아서 우리 딸이 쇼핑을 시작하기도 전에 쉬어를 한 건가? 우리 딸은 효녀인가보다.

06.
부부, 서로를 알아가는 여행
- 우리 제법 많이 싸워요

나도 사람이기에 아내랑 가끔 싸운다. 아주 쓸데없는 것으로도 싸운다. 얼마 전에는 아내가 욕실장을 구매했는데 우리 집에 설치할 수 없는 형태였다. 기존 욕실장은 이미 버렸고, 새로 구매한 것은 설치할 수 없으니 며칠간 욕실장 없이 지내야 한다는 생각과 환불해야 한다는 귀찮음까지 한꺼번에 몰려왔다.

싸우지 말자는 생각을 하며 나름대로 조심했는데 내 얼굴에 짜증이 보였나 보다. 내 얼굴의 짜증을 본 아내가 나의 눈치를 봤다. 언성을 높이지 않으려고 노력했는데 눈치 보는 아내의 모습이 싫어서 약간 높은 목소리의 언성이 오갔고, 침묵 속에 각자의 일을 했다. 일하다가 내가 조금 다치자 그제야 화해를 했다. 농담으로 이런 말을 나눴다. "누군가 다쳐야 화해를 하는구면."

새로 산 욕실장은 한 달 후에 가지고 와도 문제가 없는 것이었고 잘못 샀으면 아내가 5,000원 내고 반품을 하면 된다. 겨우 5,000원 때문에 아내와 언성을 높이고 싸운 것이다.

누군가가 행복하기에도 시간이 모자란다고 이야기했던가? 겨우 5,000원 때문에 불행하고 불편했던 그 1시간이 너무 아쉽다.

아이들은 싸우면서 큰다고 하는데 부부도 싸우면서 커 가는 것 같다. 항상 아이 같았던 우리인데 싸우면서 어른으로의 여행을 한다. 그리고 서로를 알아 간다.

아내랑 싸움에 관해서 이야기를 한참 하다가 보면 꼭 이런 결론에 다다른다.

"우리가 제일 심하게 싸운 건 신혼 1년이고, 그다음은 첫째 돌까지야. 그렇지? 둘째 돌까지도 좀 싸우기는 했구나. 그나마 덜 싸웠네."

그렇구나. 우리 많이 싸웠구나. 그런데 왜 싸웠을까?

나는 신혼 초반에 싸우지 않았다는 부부를 이해하지 못한다. 30년 동안 서로 다른 생활환경과 서로 다른 생각을 가지고 살았을 텐데 그런 사람이 둘이서 매일 함께 생활하고 있다면 어떻게든 말썽이 생긴다.

아마도 신혼 초반에 "싸우지 않았어요."라고 하는 부부는 정말 둘이서 성격이 어울리거나, 한 명이 너무 성격이 좋은 것이다.

나는 신혼 초반에 다투는 것을 권장한다. 주변에 신혼 때는 둘의 사이가 정말 좋았는데, 몇 년 후에 경제 문제, 고부갈등, 자녀 문제 등으로 싸우고 이혼한 경우를 봤기 때문이다.

초반에 다투면서 서로의 성격을 파악하고 앞으로 살아가기 위한 기반을 잡아야 한다. 너무 참기만 해서도 안 되고 너무 싸우려고만 들어서도 안 된다. 싸운다는 것은 이기는 것을 전제로 하는 것이다. 부부 사이에 누가 지고 누가 이기는 것이 왜 필요한가? 서로를 알아 가기 위해서 다투는 것이다.

신혼 초에 한창 싸울 때(다툼보다는 싸운 듯하다) 아내는 진심을 담아서 나에게 이렇게 이야기했다.

"자기 만나기 전에는 남자친구랑 한 번도 싸워본 적이 없어!"

그럴 때마다 나는 뜨끔하기도 하면서 자존심이 상하기도 했다. 나는 전 여자 친구들과 안 싸워본 적이 없었기 때문이다. 그래서 이런 이야기가 나오면 나는 보통 이렇게 대답한다.

"싸워서 누가 이기고 지고 하자는 것이 아니고 문제에 관해서 이야기하자는 거야."

물론 아내는 문제에 관해서 이야기하는 것 자체를 싸움으로 여긴다. 서로 이러한 차이를 메꿔나가는 데 오랜 시간이 걸렸다. 신혼 초 1년은 줄기차게 싸우고, 아이 태어나서 싸우고 하다 보니 그 간격이 조금씩 사라진 듯하다.

우리의 싸움은 아이를 임신하고 나서 휴전을 했다. 배 속의 아이에게 안 좋은 영향을 끼칠까 봐서다. 그리고 우리 첫째 딸이 태어났다. 출산 휴가 기간인 3개월까지는 여전히 휴전이었지만 3개월 후 아내가 복직하면서 우리는 또다시 싸움을 시작했다.

신혼 1년의 싸움은 서로의 다름을 알아가는 여행이었다면, 첫째 아이의 돌 때까지의 싸움은 서로 성격의 끝을 보는 싸움이었다. 맞벌이하면서 육아를 하니 서로를 알아갈 여유가 없었다. 그저 힘이 들어서, 조금만 틀어지는 일이 생기면 싸움이 되었다. 지금 돌아보면 왜 싸웠는지도 모른다. 그냥 힘들었기에 서로에게 어리광을 피운 것이 아닐까 싶다. 그러면서 성격의 끝도 보면서 서로를 좀 더 알게 되었다.

성격을 끝을 봤다고 해서 나쁜 쪽으로 생각할지 모르지만, 내가 어느 상황에서 화를 내는지를 알게 돼서 나도 조심하게 되고, 상대

방이 어떤 상황에서 화를 내는지를 알게 되니 그 상황이 오지 않게 조심하게 된다. 이런 것이 서로를 맞춰가는 여행 아닐까? 가족끼리 굳이 화낼 필요가 있나? 서로 조심하고 맞추다 보면 어느 순간부터 는 무난한 인생 여행이 된다.

결혼 전에 아내와 우리 인생에 아이가 몇 명이 있으면 좋을지를 이야기했다. 철없던 남편은 "한 5명은 낳아야 하지 않아?"라고 이야 기했는데, 실제로 첫째 아이를 키워보니 조심스럽게 다른 의견을 피 력했다.

"둘은 있어야 할까?"

첫째 아이가 돌이 될 무렵 아내와 둘째에 대해 이야기했다. 돌 정 도 되니 서로 힘듦이 줄어든 상태였었는지 아내가 이야기했다.

"지금 아니면 둘째 안 낳을래. 한 번에 힘든 게 좋지, 나중에 이 힘든 과정을 또 겪고 싶지 않아."

아내가 한꺼번에 아이를 키워야 덜 힘들다며 지금 아니면 본인은 아이 하나만 키울 거라고 선언했기에 첫째가 돌 지나고 나서 둘째 임신을 시도했다. 그리고 덜컥 둘째가 생겼다.

당연하다고 해야 할까? 둘째가 태어나고 돌이 되기 전까지 우리 는 또 싸웠다. 물론 싸움의 강도는 점점 줄어들었다. 이미 경험해 본 것들이기에 "우리 지금 많이 싸우고 있는 거지?" 하며 서로에게 물어보는 여유까지 생겼다.

부부싸움은 서로를 알아가는 여행이다. 물론 그 싸움이 과격해지면 이별 여행이 될 수 있지만, 서로를 알아가는 여행을 무사히 마치면 평생을 행복하게 살 수 있는 기반을 마련하게 될 것이다.

우리 부부는 지금도 종종 싸운다. 그러나 신혼 때처럼 과격하게 싸우거나 아이를 키우면서 육아의 절박함 때문에 싸우는 것이 아니고 소소하게 싸운다.

여행을 무사히 마치려면 미리 여행 전에 공부도 해야 하고, 문제가 생겼을 때 해결하는 능력도 필요하다. 부부싸움의 여행도 마찬가지로 여행을 무사히 마치려면 어떻게 대화할 것이며, 싸우면 어떻게 화해할지 등에 대한 사전 준비가 필요하다.

우리 부부는 싸우다 화해하기를 3년 정도 했다. 이제는 싸움이 서로를 알아가는 논쟁 정도의 수준이다. 사람은 죽을 때까지 알지 못하듯이 아마 우리 부부도 죽을 때까지 서로를 알아가는 여행을 할 것이다.

부부싸움도 사람과 사람과의 관계이기에 칼로 물 베다가 물통을 베어서 물을 다 쏟아 버릴 수도 있다. 부부싸움은 서로 알아가려고 노력하면서 해야 한다. 물통을 망가트려서 서로 다시는 볼 수 없는 관계가 되면 안 되지 않겠는가?

부부싸움, 싸우면서도 마지막에 웃으면서 서로를 알아가는 여행이 되기를 소망해 본다.

나무와 꽃, 아이와 엄마, 보기만 해도 힐링이다. #포천 국립수목원

07.
우리 아이,
세상 탐험을 시작하다

"우와, 걷는다."
"그렇지! 하나, 둘, 아콩! 넘어졌네."

우리 아이는 돌 무렵부터 걷기 시작했다. 처음에는 한 발, 그리고 두 발, 며칠 더 연습하더니 열 걸음을 걸었다. 기분이 묘했다. 우리 딸이 드디어 걸어 다니다니.

우리 아이는 언제부터 본인의 여행을 시작하는 것일까? 나는 첫 걸음을 내디디고 나서부터 진정한 여행이 시작된다고 생각한다. 기어 다닐 때는 그저 집안을 탐색하지만, 걸어 다니면서 딸에게 신발을 사 주었고 열 걸음을 걷게 되면서부터는 공원과 마트에 데리고 다녔다. 비로소 함께 걸어 다녔다. 첫걸음은 우리 딸이 진정한 여행을 떠날 수 있는 시발점이다.

살아가면서 아이들은 대부분이 처음 하는 일들이다. 첫울음, 첫 뒤집기, 첫걸음 등부터 시작해서 어린이집 입학, 졸업, 학교 입학, 졸업, 첫 남자친구, 여자 친구 등. 앞으로 경험해야 할 것들이 더 많다. 그중에서도 나에게 가장 감동적인 것은 첫걸음이다. 그때부터 아이가 인간으로서 진정한 삶을 시작한다고 생각하기 때문이다. 인간은 직립으로 보행한다는 특징을 가지고 있지 않은가? 물론 우리 딸이 첫 남자친구를 데리고 온다면 엄청난 질투가 생길 것 같기는 하다.

아이의 첫걸음이 내 나름대로 감동이었나 보다. 나는 우리 딸이 첫걸음을 걸었을 당시에 딸에게 편지를 썼다.

> 사랑하는 행복아.
>
> 울 이쁜 행복이가 이제 마구 걸어 다니네.
> 갑자기 아빠가 눈물이 난다.
>
> 아빠가 행복이랑 오랫동안 많이 못 놀아줘서 아빠에게 시크하지만, 그래도 우리 딸이 아빠는 두 번째로 좋네.
> 첫 번째는 엄마야. ^^
>
> 우리 딸이 아빠랑 재미있어하도록 집에서 핸드폰 그만 보고 울 딸이랑 놀아야겠다.
> 아무래도 시크한 건 아빠가 안 놀아줘서야. 그렇지?
> 그리고 친구 겸 동생인 채아에게 너무 샘내지 마.
> 아직 아가라서 사람들이 더 돌보고 있는 거야.
>
> 울 딸도 내년에 진짜 동생 만들어 줄 테니까.
> 그때까지 울 집에서 최고 이쁜이가 되어야 해.
>
> 평생 최고 이쁜이가 되겠지만,
> 그래도 가끔은 동생한테 양보해야지?
> 그럼 이따 보자고, 우리 이쁜 딸.
> 사랑해요.

사람은 망각의 동물이다. 내가 이 편지를 써 놓지 않았다면 우리 아이 첫걸음 때의 감정을 잊었을 것 같다. 앞으로도 종종 아이를 위해서 그리고 나의 기억을 위해서 편지를 써 봐야겠다.

우리 딸은 뒤집기를 거의 하지 못했다. 농담 삼아 "우량아라서 뒤집기를 못 하나 보다."라고 했는데 걷기는 정상적인 기간에 시작했다. 우리 아이가 걷기 시작할 때 나는 초보 아빠라 그런지 웃긴 생각을 했다.

'아이가 너무 일찍 걸으면 다리가 휘는 거 아냐? 아니야. 쟤 지금 무거워서 다리가 휠지도 몰라'

내가 아이를 믿지 못해서 생긴 생각이 아닐까 싶다. 그런데 많은 엄마가 비슷한 생각을 하나 보다. 내가 억지로 걸음을 걷게 시키지 않는 한 아이는 걷다가 힘들면 주저앉는다. 그러니 다리가 휘기 전에 쉬게 된다.

늦게 걷는 아이 때문에 고민이 되는 부모도 많을 것이다. 너무 걱정하지 말기를 바란다. 정말 뼈가 이상하고 몸이 아픈 아이가 아니라면, 시간이 해결해 준다. 인터넷에 찾아보면 "우리 아이는 15개월에 걸었어요.", "우리 아이는 20개월에 걸었어요."라는 글들도 많다. 그러니 너무 걱정하지 말고 아이가 걷기 위한 근육을 만들기까지 기다려 주는 것이 부모의 역할이다.

우리 아이의 첫걸음을 보면서 부모는 감동하고 아이는 성취감을 느끼게 된다. 아이가 넘어지는 것이 두려워 걷지 못하게 하면 어떻게 될까? 아이는 본인의 첫 여행을 늦게 시작할 것이다. 늦게 시작하는 것은 좋다. 하지만, 아이가 시작할 용기조차 가지지 못하면 안 되지 않겠는가?

　첫걸음을 내딛는 우리 아이가 세상을 탐험할 수 있도록 용기를 주자. 아이가 걸음을 내디디면서 드디어 인간으로서 삶을 시작하는 것이다. 응원도 하고 용기도 주고 편지도 쓰면서 아이가 할 수 있다는 것을 믿어보자. 그것이 부모가 아이에게 줄 수 있는 가장 큰 선물일 것이다.

아이가 걸어 다닐 무렵에 돌아오는 생일이다. 돌 사진은 모든 아기가 예쁘다. #돌 사진

08.
인생 최초 역경 여행
– 어린이집에 가다

어린이집, 참 애증의 장소다. 육아 정보를 보면 36개월까지는 부모가 아이를 돌보는 것이 좋다고 이야기하는데 현실은 어렵다. 맞벌이를 하다 보니 1년도 집에서 아이를 돌보기가 쉽지 않다.

우리 아이들도 12개월 무렵 전부 어린이집에 가게 되었다. 그 당시 나도 죄책감과 오만가지 생각을 하면서 어린이집에 보냈다.

'아이를 너무 일찍 어린이집에 보내는 거 아냐? 아이가 적응하지 못하고 힘들어하면 어쩌지?'

'어린이집에서 병이 많이 걸린다고 하는데, 걱정이네'

'어린이집 선생님 중에 인성이 안 좋은 사람도 있을 텐데 그러면 어쩌지?'

'친구한테 맞으면 어쩌지?'

'한 명은 직장을 그만두고 외벌이를 해야 하나?'

'네 식구인데 외벌이면 저축이 가능할까?'

어린이집에 가는 아이는 마음이 어떨까? 불안해할까? 새로운 곳이라고 생각할까? 아이의 기질마다 다르겠지만, 둘 다 해당하지 않을까 싶다. 예전에 어린이집 원장님이 이런 말씀을 하셨다.

"회사 가면 스트레스 받으시죠? 아이들도 어린이집에 오면 그 정도 스트레스를 받습니다. 그러니 집에서 잘 다독여 주셔야 해요."

맞다. 어린 나이에 공동체 생활, 사회생활을 일찍 시작하는 것이다. 집에 와서 아이들은 분명히 찡찡댄다. 어쩌겠나. 스트레스를 풀어 줘야지.

아들은 매년 3월이면 집에 올 때마다 아빠를 때렸다. 스트레스를 해소하려고 그랬나 싶다. 3월은 아무리 어린이집을 오래 다녔어도 선생님도 바뀌고 새로운 친구들도 생기니 스트레스를 받나 보다.

3월의 어린이집은 울음소리로 정신이 없다. 어린이집 5년 차인 우리 아들도 3월에 반이 바뀌면서 어리둥절해 했다.

"아빠, 애들이 자꾸 울어."
"너희 반 애들도 울어?"
"응. ○○랑 △△랑 만날 운다. 캬캬캬."
"아들은 울어?"
"난 안 울지!"

아들과 이런 대화를 한 기억이 난다. 아들은 오랫동안 어린이집에 다녔기에 적응에 대해서 고민해 본 적이 없는데 매년 초에 어린이집 입구에서 한 번씩 생각하게 된다. 계속 우는 아이들과 어린이집을 서성이는 어머니들을 보면서 말이다.

시간이 지나면 아이들이 정말 잘 적응한다. 어린이집에 다녀오면 아빠를 때리던 아들도 4월이 되면서 어린이집이 재미있다고 한다. 올해 1학년이 된 딸은 다시 어린이집으로 가고 싶어 한다. 어린이집에서는 맨날 친구들이랑 놀았는데 학교에서는 앉아만 있어서 힘들다는 것이다.

그러면 여기서 부모의 관점을 바꿔 보면 어떨까? 어린이집이 처음에는 새로운 환경이라서 인생 최초의 역경일 수 있지만, 시간이 지나면 세상에서 가장 행복했던 시기일 수도 있다고 말이다.

아이들이 분명히 처음 하는 공동체 생활로 큰 스트레스를 받을 것이다. 반면에 이는 신비로운 세계로 여행하는 것일 수도 있다. 집에서 엄마하고만 있어 봐야 엄마의 스트레스를 그대로 받아야 하고 똑같은 장난감에 똑같은 이야기를 하지만, 어린이집에 가면 새로운 장난감과 새로운 이야기들이 있기 때문이다. 그리고 친구도 있다. 즉, 어린이집에 가는 것은 역경을 이겨내고 친구들과 신비로운 세계로 여행을 함께하는 것일 수도 있다.

맞벌이 혹은 다른 이유로 아이를 일찍 어린이집에 보낸다고 자책할 필요는 없다. 아이는 분명히 역경을 헤쳐나가면서 성장할 테니까 말이다.

육아 격언 중에 이런 말이 있다.

"적응 못 하는 아이는 없다. 적응 못 하는 부모가 있을 뿐이다."

좀 더 아이를 믿고 부모가 먼저 바뀐 환경에 적응해야 한다. 물론 아이가 집에 오면 어린이집에서 받았던 스트레스를 풀어 주는 건 부모 몫이다.

어떻게 아이의 스트레스를 풀어 줘야 할까? 먼저 가능하면 어린이집을 옮기지 말고 쭉 다니게 하는 것이 좋다. 물론 아이에게 맞지 않고 최악의 어린이집이라면 무조건 옮겨야 한다. 그렇지 않다면 가능하면 아이가 초등학교 갈 때까지는 다른 어린이집으로 옮기지 않는 것을 추천한다. 이사를 하더라도 최대한 근방으로 이사해서 아이가 정서적으로 안정을 찾을 수 있도록 하는 것을 추천한다. 만약 부득이하게 이사를 해야 한다면 아이가 어린이집이나 유치원에 적응을 잘 할 수 있도록 처음보다 더 많은 관심을 가져야 한다. 초기에 아이가 어린이집에 적응하는 기간은 보통 2~3개월 정도로 보는데, 어린이집을 옮기면 또 같은 일을 해야 한다.

아이의 교육 때문에 6, 7세에 유치원을 보내려고 하시는 분들도 많다. 나쁘지 않다. 다만, 아이에게 의견을 물어봤으면 좋겠다. 강남의 유명한 초등학교들이 아닌 이상에 학교에 가면 유치원 출신이나 어린이집 출신이나 다 똑같다. 갈리는 것은 부모가 얼마나 아이를 사랑하고 관심이 있는지다. 어린이집에서부터 애정 결핍을 보인 아이가 학교에 가서 말썽을 피우는 것을 종종 볼 수 있다. 영유아는 얼마나 공부를 많이 했느냐보다 얼마나 부모의 애정을 느끼는지가 중요하기 때문이다.

두 번째는 아이들과의 애착을 계속 늘려야 한다는 것이다. 나도 힘들다고 종종 아이들을 피해 다니지만, 놀자고 마음먹으면 스마트폰을 꺼 버리고 논다. 그만큼 아이들의 스트레스를 풀어 주기 위해서 집중한다. 애착을 위해서는 시간도 중요하지만, 집중하는 모습이 더 중요하다.

최소한의 환경 변화와 부모와의 애착, 이 두 가지만 잘 지켜진다면 아이들은 어린이집이란 역경을 쉽게 이겨나갈 것이다.
물론 어린이집에 다니면서 아이가 1년에 300일 정도를 감기를 달고 사니, 미안함과 죄책감도 느꼈다. 그래도 시간이 지나고 나서 보면 꾸준히 어린이집에 보내기를 잘했다는 생각이 든다. 왜냐면 우리 딸도 어린이집에 다시 가고 싶어 하고, 우리 아들은 "유치원 갈래?"라고 물어보면 어린이집에 갈 거라고 대답하니까 말이다. 그만큼 인생 최초의 역경인 어린이집 등원을 잘 이겨냈기 때문이다.

　어린이집은 아이들에게 새로운 여행의 시작이자 첫 번째 역경의 시작이다. 여행할 때 첫발을 내디디면 어른도 두려움과 기대를 하게 되지만, 잘 적응하고 나면 두려움은 어느샌가 사라져버린다. 아이들도 어린이집에 첫발을 내디디고 부모가 잘 이끌어 간다면, 금방 역경을 극복하고 즐거움을 느낄 것이다. 그리고 졸업하고 나면 분명히 어린이집이 그리운 장소가 될 것이다.

어린이집에서 보내온 사진이다. 적응을 잘해서 참 밝다. #어린이집

09.

두려움 반, 설렘 반, 우리 아이 첫 번째 비행기
– 무거운 가방을 들고 떠난 제주도

우리 가족은 첫째 아이가 돌이 될 때까지 제대로 된 여행을 해 보지 못했다. 차만 타면 힘들어하는 아이 덕분에 우리 집 기준 반경 1시간 이내의 거리만이 우리의 여행지였다.

하지만, 아이가 돌이 지나고 어린이집을 가게 되니 마음을 굳게 잡고 여행을 떠나기로 했다. 비행기를 타고 싶었는데 해외에 가기는 힘드니 방향을 제주도로 잡았다. 대부분이 비슷하지 않을까 싶다. 비행기는 한번 타보고 싶은데 아이가 힘들어 할 것 같아서 결정하는 곳이 제주도다.

여행 준비를 하면서 캐리어에 가득한 아기용품을 보고 잠시 당황했다. 캐리어 절반을 차지하는 기저귀를 보면 헛웃음이 나온다. 기저귀가 캐리어의 절반을 차지했고, 아이 옷, 아이 먹을 것 등을 캐리어에 넣으니 정작 우리 옷을 넣을 자리가 없었다. 심지어 첫 장거리 여행이어서 아기 식탁 의자인 부스터도 가지고 제주도로 향했다. 초보 부모이기에 아이가 식당에서 얌전히 밥 먹기 위해서는 부스터가 필수라고 생각했다. 그렇지만 여행 기간 동안 부스터를 들고 다니던 나는 서울로 돌아오는 길에 집어 던지고 싶었다. 가지고 다니는 불편함에 비해서 사용 횟수는 단 1회였기 때문이다. 아이를 위해서 들고 다니던 그놈의 부스터를 공항에 놓고 비행기를 타는 경험도 했다. 급하게 스튜어디스에게 이야기했더니 현장 직원을 통해서 비행기로 갖다 주기는 했지만, 부스터가 캐리어에 들어가지 않아서 들고 다녀야 하는 불편함은 계속되었다.

아내랑 둘이 여행 다닐 때는 항상 배낭 하나씩 짊어지고 여행을 떠났는데 이제는 배낭 두 개에 아이들 물품을 담은 캐리어 하나가 꼭 필수다.

오랜만에 떠나는 여행에 흥분도 잠시, 우리 부부는 이때부터 조금씩 알기 시작했다. 아이랑 가는 장거리 여행은 극기 훈련이라는 것을 말이다.

아이와 함께 여행하면 우선 짐 싸는 것부터가 다르다. 아이가 기저귀를 떼게 되면 짐이 줄어들 줄 알았으나 기저귀가 빠진 자리에는 물놀이용품들이 들어찬다. 애들이 커가면서 짐이 줄어들 거라는 기대와 다르게 점점 늘어난다. 캐리어 한가득 물놀이용품부터, 덩치가 커지는 아이들의 옷도 부피를 차지하기 시작한다. 해외를 가면 우리 부부야 아무거나 잘 먹는데 아이들은 그렇지 않기 때문에 캐리어 한쪽은 햇반과 기타 반찬들이 차지하게 된다.

또한 짐도 짐이지만, 낯선 환경에서 펼쳐지는 아이의 생떼는 주변 경치를 돌아볼 여유를 주지 않는다.

한 짐 가득 챙겨 공항에 도착해서 가장 걱정했던 것은 우리 딸이 나처럼 비행기에서 귀를 아파할까 하는 두려움이었다. 아내는 비행기 이착륙 시에 귀를 아파하지 않지만 나는 엄청나게 괴로워한다. 그래도 성인이야 어떻게든 버티지만, 아이가 아파하면 이미 알고 있어도 당황하게 된다.

나의 걱정과는 다르게 딸은 아내를 닮았나 보다. 아파하지 않는다. 유전자의 힘은 위대한 것이 아들은 나를 닮았다. 비행기를 타면

귀를 아파한다. 아들과 나는 비행기 탈 때마다 음료수랑 사탕을 준비한다. 아프면 달래야 하기 때문이다.

　아이와 장거리 여행을 갈 때 가장 필요한 것은 무엇일까? 나는 유모차와 구급약이라고 생각한다. 물론 내가 아는 몇몇 아이는 유모차에 타는 것을 극도로 싫어하지만, 일주일만 눈 딱 감고 적응시키면 여행이 편해진다. 우리 아들은 어릴 때 유모차를 싫어했다. 그래도 여행을 위해서 한동안 유모차 타는 것을 훈련시켰더니 이제는 유모차만 타면 우는 아이에서 유모차를 사랑하는 아이로 변모했다. 아이가 유모차에서 내려간다고 울고불고했던 모습을 기억해 보면 나쁜 부모가 된 것 같은 생각도 들지만, 한순간의 고통으로 오랫동안 여행이 편했다.
　다행히 첫째는 유모차를 태어날 때부터 너무 좋아해서 제주도에 가지고 간 유모차가 너무나 제 역할을 다했다. 여행하다가 지친 아빠에게 있어서 유모차에서 낮잠을 자는 아이는 천사다. 그 시간에 아내와 가볍게 커피도 한 잔 마시게 되면, 그제야 주변 풍경이 눈에 보인다.

　제주도는 국내지만 아이가 아프면 급하게 치료를 해야 하기에 구급약은 꼭 가지고 간다. 구급약은 간단하게 해열제와 연고, 반창고 정도가 필요하다. 아이들이 좀 더 커서 해외를 갈 수 있게 되면 더 많은 약을 준비해야 하지만, 제주도는 한국이다 보니 아프면 약국이나 병원을 갈 수가 있어서 많이 준비하지 않아도 된다. 나도 제주도 여행 때 허리가 아파서 침을 맞아 본 적도 있고, 딸이 갑자기 열이 나서 급하게 병원을 방문해서 진료를 받은 적도 있다. 역시 아이가 어릴 때는 국내를 여행하는 것이 마음에 놓인다.

제주도 첫 여행을 하면서는 우리 딸 때문에 힘들다고 생각했는데, 둘째 아들보다는 편했다는 것을 아들과 함께 제주도 여행을 하고 나서야 알았다. 딸도 여느 아이들과 마찬가지로 차를 타면 찡얼대기도 하고 자꾸 일어나려 했지만 먹을 것과 장난감으로 달랠 수 있었다. 그러나 아들은 그때나 지금이나 울고불고 난리를 치기에 제어 불능이다.

아직도 기억이 나는 것은 우리 네 가족의 첫 번째 제주도 여행이다. 어차피 아이들이 어려서 이동하기도 만만치 않으니 제주도 호텔에서만 있기로 결정하고 차를 렌트하지 않고 공항버스를 이용했다. 그런데 버스를 타자마자 아들이 울어대기 시작했다. 너무 울어대니 어쩔 수 없이 내가 공항버스 안에서 일어서서 아들을 안고 목적지까지 갔다. 원래 공항버스에서는 위험해서 서 있으면 안 되지만, 아들이 너무 울어 버리니 버스 기사 아저씨도 아무 소리를 안 하셨다. 그날 나는 팔이 떨어지는 줄 알았다. 한 손으로는 아들을 안고 한 손으로는 안 넘어지려고 좌석을 잡고 갔다. 공항버스는 서 있는 승객을 위한 손잡이도 없다. 물론 공항으로 돌아갈 때도 안고 있었다. 이제는 아들이 5살이 넘어가면서 대화가 원활하게 되니 설득이 된다. 그래서 지금은 다행히도 아들과 여행 가기가 수월하다.

첫 제주도 여행에서는 아이와 함께하는 첫 여행이기에 렌터카를 타고 아이에게 경험을 시켜주려고 여기저기 돌아다녔다. 아이가 좋아할 만한 인형 박물관부터 뛰어다닐 수 있는 공원, 바닷가, 식물원, 동물농장 등 2세 아이의 눈높이에 맞는 여행을 했다. 여행지마다 꼭 단체 관광객들을 만났다. 관광객들이 딸을 보면서 예쁘다고 할 때마다 얼마나 뿌듯하던지. 이런 것이 아빠의 마음인가보다. 같이 사진 찍고 싶어 하면 예쁜 핀이라도 한 번 더 꽂아 주었다.

딸은 어릴 때부터 예뻤지만, 머리카락이 자라지 않았다. 딸이라는 것을 티 내고 싶은데 얼굴만 보면 미소년이다. 여행 중에 해가 쨍쨍 내리쬐어서 모자라도 씌워 주려고 하면 바로 집어 던진다. 첫 여행지이기에 사진을 예쁘게 찍어주고 싶었는데 결국 사진에서 여자아이임을 알게 되는 건 얼굴이 아니라 레이스 달린 옷 덕분이다. 어린 아이에게는 많은 것을 기대하면 안 되는 것 같다.

생각해보면 아이의 돌이 지나서 간 제주도 여행에서만 우리 부부가 먹고 싶은 음식을 먹었다. 아이가 먹을 수 있는 것에 한계가 있다 보니 딸은 밥과 김으로 때우고 우리만 맛있게 먹고 다녔다. 아이가 3~4살만 되도 아이가 먹을 수 있는 것을 찾아서 먹으러 다녀야 한다. 우리만 먹을 수 없으니 찾으러 다니지만, 그 나이 때도 아이들이 먹을 수 있는 게 생각보다 많지 않다. 아이들이 5살 정도 되었을 때 제주도에서 햄버거와 짜장면을 많이 먹었던 기억이 난다. 아이들과 회나 전복 뚝배기 같은 것을 먹으러 다닐 수는 없기 때문이다. 지금 우리 아이는 8살인데 아직도 매운 건 잘 못 먹는다. 그래서 아직도 여행 다니면서 먹는 것에 관해서는 많이 고민한다. 2~3년 정도 지나면 아이와 함께 매운 것도 먹을 수 있지 않을까 하는 희망을 품어본다.

아이가 두 돌보다 어린데 비행기를 타고 여행을 가고 싶다면 나는 제주도를 추천할 것이다. 아이가 어리면 짐도 많고 아이와 비행기 타는 것도 두렵기에 더욱 추천하고 싶다. 제주도는 한국이라서 아이가 갑자기 아프거나 할 때 대응하기도 편하고 한국말을 쓰기에 내 마음도 편하다. 아이가 어리기에 큰 아이들보다 다루기도 수월하고 먹고 싶은 것도 먹으러 다닐 수 있다.

무거운 가방을 들고 떠나는 첫 육아 여행은 극기 훈련의 시작이면서 제일 편한 여행이다. 아이의 예쁘고 귀여운 모습을 한껏 만끽할 수 있는 때다. 지금은 아이들이 잘 때만 엄지 척이다.

여행은 언제 가도 그 시기의 행복이 있다. 아이가 1살 때 함께 가는 것과 5살 때 함께 가는 것은 그 맛이 다르다. 아이가 초등학교에 입학한 이후에 함께 가면 아이가 아니라 청소년과 함께 가는 느낌이 들어 더 수월하고 즐겁지만, 아쉬움이 남는 건 어쩔 수 없다.

아이가 커 가면서 여행의 맛이 달라지기에 여행을 갈 때마다 즐기자고 다짐을 한다. 아이가 어리다고 혹은 커가면서 땡깡이 는다고 해서 두려워할 것은 없다. 인생은 공평하기에 힘든 일이 있으면 좋은 일이 있듯이, 아이 덕분에 여행하면서 힘든 일이 많아지면 행복한 추억도 많아지기 때문이다.

올해는 오래간만에 제주도행 비행기를 예약했다. 이번에는 어떤 여행의 맛을 느낄지 기대된다.

돌 무렵의 딸과 함께 걷는 것은 여행의 시작이다. #제주도 절물 휴양림

Part. 3

우리 아이 2살

- 세상을 알아가다

아이가 자라면서 부모도 함께 자랍니다.
아이가 세상을 알아가면 어른도 새로운 세상을 알아갑니다.
아이와 함께 커 가는 우리가 바로 부모입니다.

01.
세상은 만만치 않다
– 세상 미운 동생의 탄생

우리 딸의 인생 여행에서 첫 번째 고통은 동생의 탄생이었을 것이다.

둘째 아이를 임신하고 나서 우리 부부는 생각이 많아졌다.

'첫째가 둘째를 질투하면 어떻게 하지?'
'아이 둘을 어떻게 키울까?'
'아이 둘 키울 때 돈은 많이 들까?'
'맞벌이를 포기해야 하는 거 아냐?'

아이 둘을 갖기로 한 것은 어떤 철학이 있었던 것이 아니라 '아이가 혼자면 살아가는 데 심심하지 않을까?' 하는 생각 때문이었다. 돈이 얼마나 들고, 얼마나 힘이 들지는 생각만 해 보았다. 겪어 보지 못한 것을 예상하기에는 경험이 부족했기 때문이다.

둘째 아이가 태어날 때가 되자 아내가 걱정되었다.

'첫째도 아내 껌딱지고, 둘째도 태어나면 아내 껌딱지일 텐데 혼자서 어떻게 둘을 돌볼까?'

아내와 같이 고민하다가 내가 제안했다.

"어차피 네 명이 같이 자면 넷 다 힘드니 첫째는 내가 데리고 자 볼게."
"그게 될까? 행복이가 엄청 짜증 낼 텐데?"
"한번 해 봐야지, 뭐."

내가 첫째와 함께 잠자기 프로젝트의 디데이로 잡은 날은 둘째가 태어나기 3개월 전이었다. 두근두근하는 마음을 가지고 엄마는 혼자 재우고, 첫째를 엄마에게서 떼서 내가 데리고 잠을 잤다.

순탄했을까? 그러지 않았다. 딸이 울기 시작했다. 목이 터져 죽을 것 같을 만큼 울기 시작했다. 항상 함께 자던 엄마가 없으니 딸도 얼마나 슬펐을까? 하지만 나는 아빠다. 목표를 정하면 웬만해서는 잘 타협하지 않는다. 그래서 버텼다. 딸은 1주 차는 가열차게 울고, 2주 차 때는 조금씩 울더니 3주 차 정도 되었을 때부터는 본인도 포기했는지 아빠랑 잘 자기 시작했다. 다행이었다.

그 덕분인지 지금도 우리 딸은 아빠랑 자는 것을 좋아한다. 앞으로도 좋아해야 할 텐데…. 내가 잘해야 할 것 같다.

우리 딸은 동생이 태어나면서 이렇게 첫 번째 고비를 넘겼다. 어떻게 보면 부모의 고비가 넘어간 것이겠지만 말이다.

3개월 후에 동생이 태어났다. 정확히 우리 딸이 24개월이 되었을 때다. 내리사랑이라고 했던가? 역시 아내가 둘째 아이를 예뻐하는 것이 눈에 보인다. 첫째가 얼마나 슬퍼할까? 그래서 나는 둘째 아이를 거의 쳐다보지 못하고, 첫째 아이가 없을 때만 한 번씩 안아보고 예뻐해 주었다.

어느 순간 첫째 딸의 주 양육자는 내가 되었고, 둘째 아이의 주

양육자는 아내가 되었다. 그러다 보니 둘째 아이는 아빠를 싫어했다. 물론 나도 아내에게만 껌딱지처럼 붙어있는 아들을 딸처럼 잘 대해주지 못했다. 그래도 어쩌겠는가. 우리가 선택한 양육 방법이었으니까.

동생이 태어나고 나는 딸의 행동을 유심히 관찰해 보았다. 여기저기서 이야기를 들어 보면 동생이 태어나면 남편이 첩을 데리고 온 것 같은 기분이라고 했다. 첫째가 얼마나 배신감을 가지겠는가? 나의 바람은 딸이 동생을 예뻐하고 보살펴 주기를 원했지만, 그래도 혹시나 해코지할지 몰라서 유심히 관찰했다.

처음에는 동생을 보니 신기했나 보다. 본인이 생각하기에 인형 같다고 생각한 듯하다. 그러다 몇 개월이 지나서 동생이 기어 다니기 시작하자 첫째가 짜증을 내기 시작했다. 본인 것을 자꾸 둘째가 건드리니 그것이 싫었던 것이다. 또 엄마도 계속 둘째하고만 있으니 얼마나 샘이 났을까?

어떡하겠나? 그래서 아빠가 출동했다. 나는 둘째 아이를 쳐다도 보지 않고 계속 첫째 아이하고만 놀았다. 이런 노력의 결실일까, 점점 첫째의 질투가 줄어들었다. 물론 첫째의 둘째에 대한 짜증은 계속 있었다.

실제로 둘이서 많이 놀고 친해진 것은 첫째가 6살, 둘째가 4살 무렵이었다. 4살 정도 되니까 둘째가 제법 정확한 의사 표현과 말을 했다. 그 정도 되니 첫째가 둘째를 데리고 놀아 주었다. 그전에는 부모가 동생이랑 놀라고 해도 동생이 말귀를 못 알아들으니 얼마나 짜증을 내던지. 그래도 지금은 '둘 안 낳았으면 어쩔뻔했어?' 하는 생각을 한다. 집에서든, 어디를 놀러 가서든 둘이서 참 재미나게 논다. 아마도 앞으로 둘이서 좀 더 친해지지 않을까 하는 생각을 해본다.

동생이 태어나면서 우리 첫째 아이는 세상이 바뀌는 경험을 했을 것이다. 엄마랑 자던 잠을 아빠랑 자기 시작하고, 본인만 받았던 사랑을 동생에게 나눠 주기 시작했으니까 말이다. 본인만의 세상에 누군가가 와서 세상을 뒤집어 놓은 경험이었을 것이다. 우리 부부는 나름 첫째의 세상을 다시 만들어 주기 위해서 노력했지만, 우리 딸에게는 세상이 만만치 않다고 느끼는 경험이었을 것이다.

앞으로도 첫째가 이 힘듦의 경험을 굳건히 이겨나갈수록 좀 더 사랑해 줘야겠다. 첫째와 둘째가 사이가 좋아서 커서도 서로 의지하면서 살게 만들고 싶기 때문이다.

동생이 태어난 충격을 잘 이겨내 준 우리 딸이 고맙다. 우리 아이들에게 앞으로 더 많은 일이 있겠지만, 그때마다 현명하게 이겨나가길 바라본다.

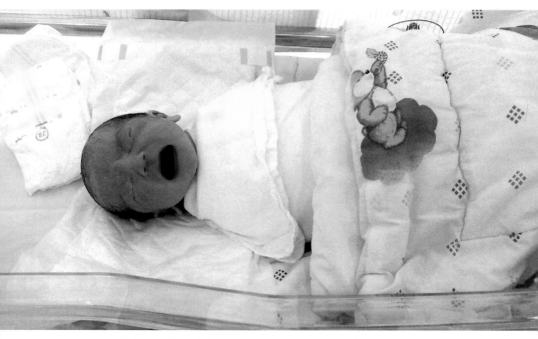

둘째 아이가 태어난 첫날이다. 눈도 못 뜨는 아이가 어색하고 신비롭다. #산부인과

아이의 주먹이 아빠 주먹만해질 때까지 아빠가 함께할 거다. #산후조리원

02.
나는 저질 체력
– 진정한 체력 육아 여행의 시작

우리 부부는 첫째 아이가 돌이 넘어가면서 겨우 숨을 돌릴 수 있었는데 둘째 아이가 태어나자 다시 허덕거리기 시작했다. 숨쉬기 힘들 만큼 정신이 없으니 부부싸움도 조금씩 늘어났지만, 투덕거리다가 화해하면서 항상 이런 이야기를 했다.

"우리 신혼 때 정말 많이 싸웠는데 그래도 지금은 양반이네."
"첫째 돌 때까지도 많이 싸웠거든."
"그때도 맞벌이하면서 정말 힘들었지. 그나마 지금 덜 싸우는 것 같네."

신혼 때는 서로 맞춰가기 위해서 싸움을 하고, 첫째 아이가 태어나고 나서는 육아가 뭔지 모르니까 싸우고, 둘째 아이가 태어나고 나서는 체력이 안 돼서 신경이 날카로워졌다. 아이가 둘이 되니 진정한 체력 육아가 시작된 것이다. 익숙해졌다고 생각한 육아가 몸이 힘드니 미지로의 여행이 되어 갔다. 둘째 아이를 임신하기 전에는 양육비에 대한 고민, 아이를 올바르게 키우는 것에 대한 고민들을 많이 했는데 둘째 아이 출산 후에는 어떻게 하면 덜 힘들까를 고민했다.

둘째 아이가 태어나기 전에 아이가 둘인 친구에게 물어본 적이 있다.

"아이가 둘이니까 좀 더 힘들지?"

"글쎄, 나는 별로 안 힘든 것 같은데. 애 하나 키우는 데 힘든 게 1이라고 하면, 애 둘이면 2 정도 되나? 음, 나는 1.8 정도 되는 것 같아."

"오, 그럼 다행이네."

다행은 개뿔, 애가 둘이 되니 3배는 더 힘든 것 같다. 내 친구는 외벌이에 가부장적인 스타일이니 아이 돌보는 시간이 적었을 것이다. 그런 친구에게 물어보니 애 키우는 것이 어렵지 않다는 이야기가 나온 것이다. 역시 질문은 비슷한 경험을 한 사람에게 해야 한다.

맞벌이해야 하니 집안일과 육아는 함께해야 했기에 둘째가 태어나고부터는 해야 할 일들이 더 많아졌다. 일이 많아져서 힘드니 둘째 아이가 태어나고도 돌까지는 서로 인상 쓰는 일이 자주 일어났다.

싸움에 관해 이야기하니 신혼여행 때가 생각난다. 회사에 다니면서 길게 여행을 갈 수 없어서 신혼여행으로 유럽을 가자고 결정했다. 패키지여행도 고민하고 자유여행도 고민하다가 우리가 선호하는 여행 스타일이 한 군데에서 여유 있게 있는 것이니 스위스 배낭여행으로 결정했다. 그 당시에 아내가 숙소와 일정을 준비해서 나는 상대적으로 편하게 신혼여행을 출발했다.

그런데, 스위스에 도착하자마자 싸울 뻔했다. 비행기에 내려서 스위스 패스를 교환해야 하는데 장소를 몰라서 한참 헤맸기 때문이다. 처음 와 본 곳이라 당연히 헤맬 수 있는데 결혼식도 치르고 장시간 비행으로 인해 피곤하니 "준비하느라 수고했어. 내가 알아볼게!" 하는 말이 나오지 않았다. 속으로 이런 생각을 했다. '아니, 인터넷 뒤져보면 어디서 교환하는지 잘 나와 있을 텐데 그것도 미리 못 찾아보고 힘들게 돌아다니게 해?' 나쁜 생각을 하니 표정이 좋지 않았고 아내도 얼굴이 굳어 갔다. 아차 하면서 속으로 '처음부터 싸우면 여행이 계속 힘들어진다. 참자. 참자' 하는 생각을 하며 첫날을 보냈다.

결혼식을 치르고 장거리 비행을 하니 서로 힘들었는데 내가 힘든 것에만 초점을 맞추고 아내가 힘든 것도 생각하는 배려가 부족했다. 지금 돌이켜보면 나만 참은 것이 아니고 즐거운 여행을 위해 아내도 참은 것이다. 어린 아내가 나보다 여행의 고수였던 것 같다. 결론적으로 하루를 참으며 지내고 나니 남은 여행은 수월했다.

여행과 육아를 비교해 보면 여행은 처음 힘들 때 참고 잘 버티면 나머지 일정이 즐거워진다. 육아도 마찬가지다. 처음에 힘들 때 아내랑 서로 이야기하면서 잘 버티면 그 이후부터는 점점 즐거워질 수 있다.

첫째 아이 때는 남편으로서도, 아빠로서도 초보라서 잘 몰라서 많이 싸웠지만, 둘째 아이 때는 조금 달랐다. "우리, 첫째 때 많이 싸웠으니 둘째 때는 좀 덜 싸우자." 하는 이야기를 하면서 육아를 시작했다. 부부가 서로 배려하기 시작하면서 육아를 한 것이다. 힘드니까 좀 더 좋게 바꿔 보자고 생각하는 것 자체가 드디어 진정한 육아 여행을 시작한 것이 아닐까? 체력적으로 3배는 힘들지만, 육아의 상식이 부족해서도 아니고 아내와의 대화가 부족해서도 아니다. 저질 체력으로 변한 내 몸 때문에 3배로 힘들다고 느낀 것이다.

한 번도 비행기를 타 보지 못하고 영어도 못 하는 사람이 해외 배낭여행을 처음 한다고 상상해 보자. 그 사람은 처음부터 여행이 즐거울까? 모든 것이 긴장되어서 여행이 즐거운지, 힘든지 모르고 지나갈 것이다. 우리 부부는 첫째 아이를 그렇게 키웠다. 잘 키우는지, 잘못 키우는지 모르고 힘들다는 생각만 하면서 지나갔다.

한 번 배낭여행을 갔다 오고 나서 두 번째 배낭여행을 준비하면 이제는 여유 있게 준비할 것이다. 즉, 몇 번의 경험을 하게 되면 진정한 여행이 시작되는 것이다. 둘째 아이를 육아하면서는 첫째 아이 때보다는 정신적인 여유가 있었다. 그래도 세 번의 육아 경험은 사양하고 싶다.

첫째 아이 때 하던 실수를 또 하기도 했지만, 실수한 것을 고쳐가면서 육아를 했다. 경험으로 그리고 정신적인 여유로 저질 체력의 문제를 극복하면서 육아를 하니 무난한 버티기 한 판을 했다.

다만 맞벌이하면서 육아를 하니 체력이 점점 고갈되어 가다가 아이가 아플 때는 그로기 상태가 된다. 그럴 때는 회사에 양해를 구하는 것도 눈치가 보인다.

아이가 많이 아파서 3일 연속으로 병원 진료를 받아야 할 때가 있었다. 첫날은 아내가 가고 둘째 날은 내가 병원에 갔다. 세 번째 날은 아내가 가기로 했으나 회사에 급한 일이 생겨서 내가 아이를 데리고 병원에 가야 해서 팀장님에게 양해를 구했다. 그러자 팀장님이 한마디 했다.

"네 아내는 뭐 하는데?"

속으로는 "우리 아내 회사 갔는데요?"라고 이야기하고 싶었지만, 괜히 분란을 일으키기 싫어서 아내가 너무 힘들어서라는 식으로 얼버무린 기억이 난다.

주변의 배려가 부족하니, 가뜩이나 부족한 체력이 더 떨어진다. 정신적인 여유는 주변의 배려가 있으면 더욱 살아날 텐데, 아직은 아이가 어릴 때 사회가 함께 키운다는 배려가 부족한 듯하다.

여행하다 보면 힘들어서 쉬기도 하지만, 목적지를 향해 걸어가야 그날 쉴 수 있다. 체력이 없으면 택시를 타기도 하고 버스를 타기도 한다. 육아도 비슷하다. 다만 더 좋은 것은 아내와 남편 둘이서 함께 한다는 것이다. 육아하다가 힘들면 아내와 남편이 번갈아 아이를 돌보면서 쉴 수 있고, 체력이 부족하면 주변의 도움이나 어린이집 같은 기관의 도움을 받을 수도 있다. 아이와 함께 행복한 삶이라는 목적지를 향해 나아간다. 함께 가다가 아이의 웃는 모습을 보고 여유를 가져 보기도 한다.

여행하다가 어려움을 이겨내면 오랫동안 기억에 남듯이, 육아도 마찬가지다. 여행 같은 육아는 즐겁다. 육아하면서 생겼던 고난들을 여행하듯이 넘겼기 때문에 많은 것이 추억으로 기억에 남는다.

아이들과의 진정한 여행은 이제 시작이다. 아이들이 커 가면서 아이들과 함께 노는 체력도 필요하고, 여행을 함께하는 체력도 필요하고, 돈을 벌어야 하는 체력도 필요하기에 진정한 체력 육아 여행이 되어 간다.

이 여행의 끝은 아직 가 보지 않아서 모른다. 하지만 예상은 할 수 있다. 여행이 끝나고 뒤돌아보면 모든 것이 추억이 되면서 "그래도 재미있었다."라고 마무리 짓듯이, 육아 여행을 하면서 문득 생각나는 추억에 아내와 함께 "그래도 재미있었지?"라고 이야기할 거다. 나이 먹으면서 점점 저질 체력이 되어 체력이 필요한 육아 여행에서 힘들어 허덕거리겠지만, 그 덕분에 추억은 더욱 강렬할 것이라고 믿어 의심치 않는다.

찡그린 표정도, 내복 패션도 너무 예쁜걸. #서울 선유도 공원

아이들은 조금만 자라도 노는 것이 달라진다. #서울 선유도 공원

03.
실내 놀거리가 많은
우리나라는 좋은 나라

  싱글이나 신혼 때 여행을 다니면 경치 좋은 곳, 먹거리가 많은 곳, 래프팅이나 스노보드 등 체험하기 좋은 곳 위주로 다녔다. 그러나 아이가 태어나면서 여행의 기준이 바뀌었다. 아이들과 함께할 수 있는 곳들 위주로 여행을 알아보고, 우리나라에 아이와 함께할 수 있는 것들이 꽤 많다는 것을 발견했다. 사람이 관심 있는 것만 보인다고, 아이가 없을 때는 알지 못했던 것들이 보이기 시작했다.

  아이가 태어나고 나니 한동안은 멀리 갈 수도 없고, 아직 어리기에 야외로 나가기도 쉽지 않았다. 인터넷에서 여기저기 살펴보니 신기하게도 무료 또는 적은 비용으로 아이와 갈 수 있는 곳들이 눈에 들어오기 시작했다. 그동안 우리나라에서 아이를 키우기 어렵다는 불만을 설파하고 다녔는데 실제로 육아를 하다 보니 어려운 와중에도 아이와 함께할 수 있는 좋은 곳들이 많다는 것도 알게 되었다.
  또한, 여행을 좋아하다 보니 자연스럽게 해외랑 비교하게 되었는데, 싱가포르나 미국 같은 선진국들보다 우리나라가 미흡하기는 해도 동남아의 어느 나라보다도 아이와 함께할 수 있는 인프라가 잘 갖춰져 있다는 사실을 깨닫게 되었다. 지금은 여러 놀거리를 경험하고 다니면서 아내랑 "우리나라는 참 살기 좋은 나라야."라고 이야기하고 다닌다.

아이가 어리면 갈 수 있는 대표적인 실내 장소가 과학관이다. 처음부터 과학관이란 곳을 알고 있던 것은 아니고, 아이랑 갈 만한 곳이라고 인터넷을 찾아보다 보면 꼭 과학관이 하나씩 나와서 알게 되었다.

아이들과 자주 갔던 과학관은 키즈카페보다 더욱더 체험할 것이 많았다. 어느 순간부터는 너무 자주 갔더니 아이들이 지루해하기는 했지만, 그래도 저렴한 비용 덕분에 재미나게 다녔다.

전국 과학관 길라잡이라는 사이트에서 과학관이라고 검색하니 전국에 68개가 검색된다. 그중에는 어린이 과학관도 있고 일반적인 과학관도 있지만, 어디가 되었든 과학관은 저렴하게 아이들이 즐겁게 놀 수 있는 장소이다.

아이들이 과학관을 질려 할 무렵에 또 저렴하게 다닐 만한 곳이 어디 없나 해서 알아보니 자원관이 검색되었다. 우리가 자주 간 곳은 국립생물자원관이었는데 인터넷을 뒤져보니 서천 국립해양생물자원관, 국립낙동강생물자원관 등 다양한 자원관들이 검색되었다. 생물자원관은 실제 체험이나 경험보다는 볼거리 위주다. 아이가 어릴 때는 체험이 적어 지루해할 수 있지만, 여름이나 겨울에 아이들과 산책하기에 참 좋다.

예전에 모 카드사에서 만 원의 행복 행사로 63빌딩 수족관과 밀랍인형 전시 관람 등을 제공해 주어 보러 간 적이 있다. 둘째 아이가 2살 때 정도였던 것 같다. 둘째 아이는 수족관 같은 곳은 절대 관심이 없고, 첫째 아이도 20분 만에 다리가 아프다고 찡얼대었던 기억이 난다. 좋은 곳을 가도 아이가 지루해하는 것은 비슷하니, 어릴 때는 무료로 갈 수 있는 생물자원관 같은 곳이 가성비가 좋다. 물론 아이들이 7살이 넘어가니 아쿠아리움이나 놀이동산 같은 곳을 더 좋아하기는 하지만, 온전한 체험을 즐길 수 있는 나이가 되기 전까지는 무료로 운영하는 곳들만으로도 충분하다. 요새도 주말에 갑자기 어딘가 가고 싶으면 아이들과 차 끌고 산책 삼아 가기도 한다.

아이가 조금 커 가면서 그리고 조금 멀리 여행을 가기 시작하자 박물관들을 가게 되었다. 전국에는 많은 박물관이 있다. 다만, 박물관들은 무료도 있지만 비싼 유료 박물관들도 있다. 특히 자연사박물관들은 입장료가 비싸다.

EBS를 보던 우리 아들이 갑자기 EBS 〈봉구야 놀자〉에서 나온 곳에 가고 싶다고 조르기 시작했다. 장소는 서대문자연사박물관인데 그곳의 메인 전시는 공룡이지만, 우리 아들은 그곳 야외에 있는 미끄럼틀을 타고 싶다고 가자는 것이었다. 그래서 갔다. 예전에도 알고 있던 곳이지만 입장료가 비싸서 가지 않던 곳이었는데, 아들이 알아버렸으니 간 거다.

살짝 예상하기는 했지만, 아이들은 밖에 있는 미끄럼틀에서 1시간을 놀았다. 아빠 마음에는 주차료도 나가니 실내 주요 구경거리나 체험 등을 하고 집에 가고 싶었는데 계속 미끄럼틀만 탔다. 밖에서 노는 미끄럼틀은 무료인데 그걸 더 좋아하다니, 아이들이 좋아하는 범위는 매번 나의 기대와 다르다.

박물관 중에서 시에서 운영하는 박물관은 무료이거나 저렴한 곳들이 많다. 그중에서도 우리가 자주 갔던 곳은 한글박물관하고 중앙박물관의 어린이박물관이다. 두 군데가 거의 붙어있어서 예약만 잘하면 하루에 두 군데를 다니면서 놀 수 있다. 이렇게 다니다 보면 피곤하긴 하지만 자연스럽게 '우리나라는 좋은 나라'라는 생각이 들게 된다.

언제부터인지 모르겠는데 저렴하게 장난감을 대여해 주는 곳들도 많이 생겼다. 지도에서 '장난감 도서관'이나 '장난감 대여'를 검색어로 치면 많은 곳이 검색된다. 연회비를 지급하면 저렴하게 대여할 수 있는데 우리 아이들이 어릴 때 집 주변에 있었다면 자주 이용했을 것 같다. 장난감 도서관마다 기준이 다른데 우리 집에서 가장 가까웠던 곳은 대여 기준이 일주일이고 연장을 해도 10일이 넘지 않았다. 차를 타고 가서 대여하고 반납하는 것이 좀 번거로웠기에 이용하지 않고 방문만 해 봤는데 탐나는 것들이 많았다. 인기 있는 장난감들은 바로바로 대여된다고 한다.

우리 집 근처의 장난감 도서관은 영아들을 위한 놀이터도 있었다. 우리가 알게 되었을 때는 아이들이 재미없어할 만한 크기여서 이용을 하지 못했지만, 주변에 영아를 키우는 엄마들이 알차게 이용하는 것을 보고 부러워하기도 했다.

TV 프로그램에서 보면 세계 여러 나라에 있는 아이 친화적인 장소들이 많이 나온다. 특히 어린이 도서관은 우리나라와 정말 다르다. 얼마 전에는 아는 분이 미국에 가서 어린이 도서관에 방문한 것을 사진으로 찍어서 보여 주었는데, 그곳에서는 아이들이 떠드는 것이 당연하다고 이야기하면서 각종 물건도 아이들이 가지고 놀기 좋게 전시되어 있는 것을 보았다.

우리나라 어린이 도서관은 떠들기가 미안하다. 책을 놀이처럼 배워야 하는데, 공부하듯이 배우는 분위기다. 그래서 아이가 어릴 때 어린이 도서관은 잘 가지 못했다. 지금도 책을 빌리러 가지, 읽거나 놀러 가지는 않는다. 문화의 차이, 교육관의 차이일 것으로 생각하지만, 우리나라의 이런 부분은 좀 더 발전했으면 좋겠다.

우리는 서울에 살고 있기에 서울과 근교의 과학관, 박물관, 자원관들을 많이 갔지만, 지방에 놀러 갈 때마다 검색해 보면 아이들이 잠시 구경하고 놀 수 있는 작은 규모의 장소들이 꽤 있다.

최근에 다녀온 제주도 여행에서도 아이들과 갈 만한 곳들을 검색해서 방문했다. 해녀박물관, 어린이교통공원, 문화공간 낭, 카카오 본사 등을 다녀왔는데 큰 비용을 들이지 않고 새로운 것들을 즐기고 왔다. 어른들끼리 가면 바다가 보이는 카페에서 차 한 잔 마시고, 동문시장에서 회를 떠먹고, 저녁에 고기를 구워 먹다가 자겠지만, 아이와 함께하면 처음 가 보는 곳에서 함께 즐기는 경험을 한다.

혼히 사람들이 '헬조선', '아이 낳기 힘든 나라'라고 우리나라를 이야기하지만, 이왕 결혼하고 아이를 낳았는데 잘 키울 방법을 찾아봐야 하지 않을까? 그런 의미에서 과학관, 박물관, 자원관 같은 곳은 저렴하고 재미있게 즐길 수 있는 좋은 공간이다.

어린이 도서관만 제외한다면 우리나라 여기저기에 있는 체험 공간들은 쾌적하고 좋다. 특히 덥거나 추운 날 아이들과 함께 가기에 너무 좋다. 아이와 함께 놀러 다니다 알게 된 사실인 '우리나라는 좋은 나라'의 감정을 아이들이 커 가면서 계속 느끼게 되면 좋겠다.

과학관 4D 영화관에서 아들이랑 장난 중이다. #인천 어린이 과학관

어린아이와 놀 때는 마트 탐방과 문화센터 참여가 편하다. #코스트코 #문화센터 놀이야

04.
아이가 답답해하면
밖으로도 나가야지!

　사람들은 주로 여행이라고 하면 1박 2일부터 한 달까지 어딘가로 가야 한다고 생각한다. 하지만 아이가 어리면 1박을 하는 것만으로도 괴롭기에 우리는 아이가 만 2살이 될 때까지 웬만하면 당일치기 여행만 다녔다.

　그중에서도 가장 많이 간 곳이 놀이터다. 놀이터 중에서도 동네 아파트 놀이터다. 아이가 어린데 멀리 어디를 가겠는가? 첫째 아이가 4살, 둘째 아이가 2살일 때는 첫째 아이가 차만 타면 답답해하는 데다가 둘째 아이는 차만 타면 울어 재끼니 멀리 갈 수 없어 우리 아파트 놀이터를 시작으로 동네 아파트 놀이터 투어를 다녔다.

　평일에야 회사에 다녀야 하니 아이들과 놀기 어렵지만, 주말에는 어김없이 놀이터에 나갔다. 놀이터에 가면 나는 골목대장이 되어 있다. 아이들이 나만 오면 달라붙어서 놀아 달라고 한다. 놀이터에서 아이들과 함께 노는 어른은 없기 때문이다. 최근에는 주말에 놀이터에 가면 아빠들이 아이들과 함께 노는 모습이 보이기 시작한다. 대한민국이 점점 바람직한 분위기가 되어 가는 것 같다.

　주말에 동네 놀이터만 가면 너무 지루하니 다양한 놀이터를 찾아서 돌아다녔다. 집 주변은 아니지만, 조금만 이동하면 되는 곳에 잘 찾아보면 색다른 놀이터들이 꽤 있다. 그중에서도 우리 아이들이 가장 좋아했던 곳은 상암에 있는 아기 새의 모험 놀이터다.

우선 상암은 평화공원이라는 공원이 있는데 공원이 넓다. 그래서 참 좋다. 우리 동네는 아이들 킥보드 한 번 태워주기 어려운 환경인데 평화공원은 아이들이 온종일 킥보드만 타고 놀아도 신이 나는 곳이다. 아이들과 킥보드 타면서 안으로 들어가면 아기 새의 모험 놀이터가 나온다. 보는 순간 "우와!"라는 소리가 절로 나온다. 동네 놀이터하고는 규모가 다르기 때문이다. 친절하게 아이들이 모래 놀이할 수 있는 공간도 있고 그 공간에 물이 나오는 곳도 있어서 물과 모래를 섞어서 놀 수도 있다. 미끄럼틀도 몇 개나 있고, 모험 놀이터라는 타이틀에 맞게 초등학교 저학년까지 즐길 수 있는 다양한 코스들이 있다.

조금 더 멀리 가면 초등학교 고학년도 즐길 수 있는 놀이터들이 있다. 그중에서 가장 추천해 보고 싶은 곳은 춘천에 있는 꿈자람 어린이 공원이다. 인터넷에서 검색하다가 너무 좋아 보여서 아이들을 차에 태우고 주말에 다녀왔다. 춘천은 연애할 때도 자주 애용하던 데이트 코스였는데 아이들과 함께 데이트할 때 갔던 닭갈비 가게도 가 보니 주인이 아직 그대로여서 반가움이 두 배였다. 몇 번 가 보지는 않았지만 12년째 단골이라고 할까? 아이들이 예쁘다고 양도 얼마나 많이 주시던지, 먹다가 배 터질 뻔했다. 참고로 우리 아이들은 닭갈비 같은 매운 것은 아직 못 먹는다.

춘천 꿈자람 어린이 공원에 가면 아이들이 "우와!" 하고 소리를 지른다. 비록 일정 금액을 내야 하지만, 실내와 실외 체험 시설이 크고 넓기에 초등학교 고학년도 재미있게 놀 수 있다.

규모가 크다 보니 높이 있는 줄사다리를 딸이 무서워서 올라가지 못했다. 그래도 30분 정도 기다리면서 응원해 주니 기어코 올라가서 미끄럼틀을 타고 내려온다. 어깨를 으쓱하면서 말이다. 아이의 자랑스러운 표정을 보면, '이 맛에 아빠를 한다'라는 생각이 든다.

아이가 태어나기 전에는 몰랐던 사실 중 하나가 우리나라에 놀이터가 있다는 것이다. 공원의 자그마한 놀이터부터 지자체가 마음먹고 만든 곳까지, 찾아보면 다양한 놀이터가 있다. 하지만 우리나라는 아직 멀었다고 생각하는 것이 생각보다 공원의 숫자가 적고, 공원이 부족하다 보니 놀이터도 찾아다녀야 한다는 점이다. 아파트 내의 놀이터를 제외하면 차를 타고 놀이터에 가야 한다. 우리나라가 저출산 국가라고 하면서 10년 동안 130조 원을 쏟아부었다고 하는데 도대체 그 돈들은 어디 갔을까? 아이들을 위해서 굳이 차를 안타고 가도 놀 수 있는 공원과 놀이터들이 많이 생기면 좋겠다.

여름에는 물놀이장이나 한강 수영장에 자주 간다. 매번 비싼 돈내면서 워터파크를 갈 수는 없지 않은가? 다행인 게, 최근 몇 년 사이에 물놀이장이 제법 생겼다. 물론 나는 서울에 살기 때문에 어디를 가도 사람밖에 보이지 않지만, 그래도 예전에 없던 것들이 생긴게 어딘가?

우리 딸이 처음에 한강 수영장에 간 것이 기억난다. 아마 돌이 조금 지나서였을 것이다. 비싼 돈 들여서 유아용 튜브를 구매하여 한강 수영장에 갔다. 딸을 튜브에 넣어서 물속에 넣자마자 튜브에서 기어 나온다. 좀 달래서 물 밖에 세워놓으면 어느 순간 물속으로 뛰어 들어간다. 참 물을 좋아한다. "나중에 수영선수 시킬까?" 하면서 아내랑 이야기했던 기억이 난다. 지금도 물은 여전히 좋아한다. 다른 걸 배우는 것은 지겨워하면서 수영 배우는 것은 좋아한다. 튜브를 내팽개치고 물속에 들어갈 때부터 알아봤다. 자유로운 영혼이 적성을 찾은 듯하다.

매주 아이들과 놀다 보면 지친다. 특히 물놀이를 아이들과 같이하면 더욱 지친다. 그럴 때면 또 인터넷 검색을 한다. 지방마다 사시사철 다양한 이벤트들이 많이 있다. 기본적으로 봄, 가을에는 각종 축제가 있고, 겨울에도 눈 축제나 눈썰매장들이 오픈을 한다. 검색하다가 우리 집에서 그리 멀지 않으면서 비용적으로 부담이 없는 곳이 있으면 주말마다 놀러 간다.

최근에 갔던 축제는 '연천 구석기 축제'다. 나뭇가지에 삼겹살을 꽂아서 구워 먹는 이벤트가 독특해 보여서 함께 해 봤는데 아이들은 잠깐 하더니 연기가 난다고 사라졌다. 결국, 아빠만 삼겹살을 구워서 먹었다.

이번 겨울에는 딸아이 친구 아빠에게서 연락이 왔다. 송어 축제에 물고기를 잡으러 가자고 하는데, 둘째 아이가 아직 어리니 추워서 힘들어할까 봐 다음을 기약했다. 내년 정도에는 아이들과 함께 가 보고 싶기는 하다.

외부에서 놀 때 가장 좋아하는 곳은 넓은 곳이다. 동네에서는 킥보드나 자전거를 탈 수 있는 공간이 거의 없다 보니, 넓은 곳에 가야 한 번씩 탈 수 있다. 그중에서도 인천 정서진에 있는 아라빛섬을 특히 좋아한다. 넓고 한적하다. 편의점도 있어서 굳이 도시락을 싸가지 않아도 요기할 수 있다. 물론 따로 입장료도 없다.

아라빛섬은 넓어서 자전거나 킥보드 타면서 놀 수도 있고 무료로 즐길 수 있는 카약 체험이나 함선 구경도 할 수 있다. 아라리움 홍보관에서는 각종 체험도 할 수 있고 주말에는 영화 상영도 한다. 날씨좋은 날이면 킥보드 하나 들고 가기에 참 좋은 곳이다.

이처럼 아이가 태어나면서부터 대부분의 부모는 한 번도 해 보지 못한 것들을 하게 된다. 내가 놀이터에서 어릴 적에도 해 보지 못한

골목대장을 할 거라곤 생각도 못 해 봤고, 킥보드를 탈 만한 장소를 알아보러 다닐 줄도 몰랐다. 피곤함을 무릅쓰고 주말마다 물놀이장을 갈지도 몰랐고, 연애 때도 안 가 본 축제를 찾아다닐지도 몰랐다. 아이들 덕분에 밖으로 나가게 되고, 처음 하는 것들이 생긴다.

육아를 그냥 쳐다만 보면 힘들다는 생각이 들지만, 육아를 여행이라고 생각하면 즐겁다. 실제로 아이들 덕분에 밖으로 나가고 처음 가 보는 곳에도 놀러 가게 되니, 이것이야말로 여행 같은 육아, 진정한 육아 여행의 시작일 것이다.

분명 아직 가 보지 않은 더 좋은 야외 놀거리가 있을 것이다. 아이가 커 가면서 집에만 있는 것을 더 답답해할 테니 새로운 곳을 찾아서 계속 여행할 거다. 덕분에 나도 새로운 것을 경험하는 가슴 뿌듯한 육아 여행을 계속할 거다. 피할 수 없는 육아, 여행으로 즐겨 볼 거다.

무료 카약 체험. 아이들에게 색다른 경험이었다. #인천 정서진

날씨 좋은 날의 물놀이는 항상 옳다. #서울 한강 양화 물놀이장

05.
24개월 이전에는 비행기 표가 무료?
– 극기 훈련, 미국령 괌

결혼하면서 첫째 아이가 딸이면 둘째를 생각하고, 첫째가 아들이면 둘째를 고민하자고 아내랑 이야기했다. 다행히(?) 첫째가 딸이어서 둘째를 잠깐 생각해 보았는데, 웬걸, 한 명 낳아서 기르는 동안 둘째 생각이 싹 사라졌다. 이유는 아이 키워본 부모들은 다 알 거다.

첫째가 돌 정도 되었을 때 아내가 "지금 둘째 안 가지면 우리 하나만 잘 기르자."라고 통보했다.

아내의 통보 후 고민 끝에 노력했고 아내의 배 속에 둘째가 생겼다. 첫째가 조금씩 커가면서 근교로도 놀러 가고, 제주도에도 가면서 살 만했는데, 둘째가 태어나면 모든 게 새로 시작되어야 한다는 두려움이 슬금슬금 올라왔다.

회사에서 일하다가 갑자기 '아, 앞으로 한 1년 이상은 비행기를 탈수 없겠구나' 하는 생각이 들었다. 배 속의 아이가 6개월일 때, 첫째가 18개월일 때였다. 저녁에 아내에게 이야기했다.

"우리, 태교 여행 가자."
"싫어, 힘들어!"

아내는 임신한 상태에서 첫째를 데리고 태교 여행 가는 것이 싫다고 했다. 그 당시는 첫째가 유난히 까칠하던 시기였기에 마음을 살짝 접었다. 태교 여행은 아내를 즐겁게 해 주려고 가는 건데, 당사자가 반대하니 더 이야기하기가 어려웠다. 혼자서 한 달 정도 생각하다가 나 혼자 마음속으로 결론을 내렸다.

'지금 안 가면 한 2년은 비행기 탈 수 없다. 어떻게든 가자!'

아내에게 24개월 미만의 아이는 비행기 표가 무료이니 지금 혜택을 누려 보자고 설득해서 괌 비행기 표를 끊었다. 그렇게 우리 딸의 첫 번째 해외여행이자 우리 아내의 두 번째 태교 여행을 떠나게 되었다.

태교 여행이면 배 속의 아이를 다독이고 아내의 기분을 좋게 하려고 가는 건데, 두 돌이 되지 않은 아이를 데리고 가니 '여행 가는 것이 실수한 것 아닐까?' 하는 생각을 했다. 이때 처음으로 아내가 아이와 함께 여행하는 것을 '극기 훈련'이라고 표현했다.

우리가 첫째를 데리고 간 이유는 첫째의 비행기 표가 공짜였기 때문이다. 항공사에서는 24개월 미만의 아이는 부모가 안고 탄다는 기준 아래에 세금만 부과한다. 20개월 아이와 했던 해외여행도 색다른 추억이었지만, 다시 그 당시로 돌아간다면 아이를 처가나 시댁에 맡기고 갈 것 같다. 태교 여행이 즐거워야지, 극기 훈련이 되면 안 되지 않겠는가?

아이가 두 돌 가까이 된다고 해서 여행 때 아이의 짐이 줄지는 않는다. 더 늘어난다. 기저귀도 당연히 가득 가지고 가야 하고 괌이기에 물놀이를 위해서 방수 기저귀도 꽤 담아서 갔다. 더불어서 물놀이 용품도 챙겨야 하고, 혹시 음식이 입맛에 안 맞을까 봐 햇반 등도 챙겨가야 한다. 이래저래 육아 여행은 짐이 한가득하다.

태교 여행으로 괌을 선택한 이유는 저비용 항공사들이 취항하면서 낮 시간대의 비행기가 생겼기 때문이다. 어린아이와 해외여행할 때 첫 번째 기준은 낮 비행기의 여부다. 아이가 힘들지 않게 여행하는 것이 육아 여행에서 중요한 부분이기 때문이다.

두 번째로는 괌의 면적이 작다는 사실이다. 차로 괌 시내 끝에서 끝까지 가 봐야 20~30분 정도밖에 걸리지 않는다. 괌은 휴양에 최적화되어 있다. 관광할 것이 별로 없다.

세 번째로는 괌은 미국령이기 때문에 미국처럼 깨끗하다는 사실이다. 나는 출장 덕분에 미국을 몇 번 가본 적이 있는데, 괌은 미국 같은 분위기가 난다. 물론 괌에서 일하는 대부분의 사람이 필리핀 사람이기 때문에 어느 정도는 동남아 특유의 분위기가 나지만, 동남아의 어느 나라보다도 미국스럽다.

저녁에는 아내랑 첫째 아이를 유모차에 태워 끌면서 주변 마트로 산책도 다녔다. 그러다가 스콜로 인해서 비를 쫄딱 맞았다. 역시 괌은 동남아다. 괜히 택시비 아끼자고 걸어서 마트에 갔다가 임신한 아내를 비 맞게 한 게 얼마나 미안한지 모른다. 그래도 괌은 저녁에 걸어 다녀도 괜찮을 만큼 안전한 동네다.

괌은 어린아이들 용품을 쇼핑하기에도 괜찮다. 최근 미국 메이시스 백화점이 온라인 쇼핑몰들 때문에 경영난을 겪고 있다고는 하지만, 괌에 있는 메이시스 백화점은 예외이지 않을까 싶다. 괌은 인기 있는 관광지라서 많은 사람이 쇼핑한다. 쇼핑을 잘 안 하는 우리도 메이시스 백화점에서 딸과 배 속의 아들을 위한 옷을 몇 벌 샀을 정도이니 말이다.

우리 집에는 괌이라고 이름 붙인 곰돌이 인형이 하나 있다. 우리 딸이 괌 메이시스 백화점에서 고르라는 옷은 안 고르고 인형을 골랐다. 안 사려고 다양하게 노력했지만, 손에서 놓지 않고 계속 들고 다니는 모습이 귀엽고, 한편으로는 고집스러워 보여서 사 주었는데 그 곰돌이의 이름을 꽘이라고 붙였다. 꽘이는 우리 아들과 동갑이다. 엄마 배 속에서부터 함께했기 때문이다.

육아 여행을 하면서 기억에 남을 것들을 하나씩만 사서 오는 것도 좋은 추억이 된다. 나는 출장 갈 때마다 그 나라의 바비 인형을 사다가 딸에게 주었는데 팔다리가 부러졌어도 버리지 않고 가지고 논다. 그런 건 좀 버렸으면 하는 바람도 있다.

두 번째 태교 여행은 비록 아내가 극기 훈련이라고 표현하긴 했지만, 사진으로 보니 행복한 표정이 보인다.

"여유가 있어서 여행을 가는 게 아니라 여행을 가니까 여유가 생기는 것이다."라는 말이 있다. 처음에 극기 훈련이라고 생각했지만, 여행을 하고 나니 행복이 보이는 것처럼 여행은 항상 옳다.

태교 여행 이후로는 2년 동안 제주도 한 번 간 것이 비행기 타는 여행의 전부였다. 경험해 보니 여행을 좋아했던 사람이라면 첫째 아이 때도, 둘째 아이 때도 태교 여행 가는 것을 추천한다. 특히 첫째와 둘째가 24개월 이내의 차이라면 첫째의 비행기 표도 거의 무료이니 더욱 추천해 본다. 물론 첫째 아이를 돌봐줄 분들이 있다면 잠시 맡기는 것도 좋다.

둘째 아이 때 태교 여행은 극기 훈련이라고 생각할 수도 있지만, 돌아보면 그때도 행복했다. 딸이 호텔 뷔페에서 밥을 먹으며 흘린 바닥의 음식물을 쳐다보며 필리핀 직원이 "오 마이 갓!" 하는 모습도, 주저앉아 휴지로 바닥을 치웠던 내 모습의 기억도 선명하다. 창피하거나 힘들다는 감정이 아니라 그것조차도 다시 한번 해 보고 싶다. 여행이란 그런 힘을 가지고 있다. 극기 훈련을 행복으로 바꾸고, 힘들었던 기억을 추억으로 만드는 힘 말이다. 그리고 태교 여행만의 추억은 더 오래 남는다.

태어나서 처음 해 보는 바다 놀이. #미국령 괌

처음 먹어 보는 코코넛, 남들이 다 가는 관광지. #미국령 괌

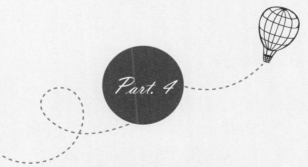

Part. 4

우리 아이 4살

- 세상을 경험하다

아빠의 인생에서 가장 도움이 된 것은 경험입니다.
우리 아이에게 경험을 알려주고 싶습니다.
새로운 경험을 하고 다양한 생각을 할 수 있도록 도와주고 싶습니다.
그래서 아빠는 오늘도 여행지를 찾아봅니다.
사실은 아빠가 여행을 가고 싶어서일지도 모릅니다.

01.
가족과 함께 본격 여행 시작
– 서로의 성향을 알아가다

아이가 어릴 때는 멀리 여행 가는 것이 너무 힘들었다. 딸은 두 돌이 되기 전까지는 차만 타면 매번 소릴 질렀다.

"나가. 나가. 나가."

나가서 유모차를 태워달라는 것이다. 딸은 지금도 멀미가 심한데, 아이 때도 멀미가 나니 나가자고 소리를 지른 것 같다. 그 덕분에 한동안 "나가."라는 말이 머릿속에 맴돌면서 환청이 들리기도 했다.

아들과 여행을 떠나면 귀에 딱지가 앉는다.

"아빠, 다 왔어?"
"응. 한 시간 남았어."
"아빠, 다 왔어?"
"응. 한 시간 남았다고."

우리 아들은 "다 왔어?"란 물음을 100번도 더 한다. 대답해 주다가 지친다. 땡깡도 심하다. 한 번은 차로 3시간 거리의 여행을 가다가 아들이 너무 울고불고해서 20분 만에 더는 나아가지 못하고 골목에 정차했다. 다시 출발하기까지는 1시간이 걸렸다.

그래도 아이들이 4살이 넘어가면서부터는 조금씩 수월해졌다. 농담 삼아 36개월의 기적이라고도 불렀다. 36개월이 넘어가면서 아이들과 구석구석을 여행 다녔다. 물론 유모차는 7살까지 가지고 다녔지만 말이다.

4세 이전까지는 아이들과 가족의 의미를 이야기하면서 여행하기 어려웠다. 의사소통이 원활하지 않을뿐더러 아이의 몸 상태에 따라서 여행이 극기 훈련이 되기 일쑤였기 때문이다. 아이들의 나이가 4살이 넘어가면서 표현도 정확해지고 아이들의 성격도 파악되어 간다. 아이들의 성격에 따라서 여행의 내용이 달라진다. 육아 여행은 가족과 즐겁게 추억을 쌓기 위한 것이 목적이기에 아이들의 성향을 무시하기가 어렵다.

『성격을 알면 성적 오른다』(김만권, 이지북)란 책을 보면 아이들의 성격을 14가지로 구분해 두었다. 그중에서 대표적인 성격이 4가지인데 행동형, 규범형, 탐구형, 이상형이 그것이다.
행동형의 아이는 자유롭고, 규범형의 아이는 책임감이 뛰어나며, 탐구형의 아이는 호기심이 많고, 이상형의 아이는 인간성이 좋다. 물론 저 4가지 성격이 여러 가지로 섞이기도 한다.

여행을 다니다 보면 아이가 어떤 성격을 가졌는지 확인할 수 있다. 부모가 파악한 성격에 따라 여행한다면 아이의 만족도는 높아질 것이고 더불어 부모도 편해질 것이다. 예를 들면 행동형 아이는 수영을 한다던가, 뛰어놀 수 있게 몸을 움직이는 곳으로 여행 가야 한다. 규범형 아이는 본인이 주도해서 여행 갈 수 있도록 도와주어야 하고 어디를 가고 싶은지 물어봐서 아이의 의견을 수용해 주는 것이 좋다. 탐구형 아이는 관심 분야의 여행을 떠나는 것이 좋다. 곤충을 좋아하면 곤충 박물관으로, 공룡을 좋아하면 공룡 박물관으로 가야 한다. 억지로 수영을 하러 다니다가는 엄마가 속이 터져서 죽을지도 모른다. 이상형의 성격을 가지고 있다면, 친구와 함께하는 여행이 좋다. 이상형의 아이는 어디로 여행을 갔다는 것보다 누구랑 함께 여행을 갔다 왔는지가 더 중요하기 때문이다.

나도 여행을 다니면서 아이들의 성격을 볼 수 있었다. 딸은 전형적으로 행동형이면서 이상형인 아이다. 여행지 어디를 가건 기억은 못 하고 누구랑 뭘 하고 놀았는지만 기억한다. 부모랑 함께 여행하면서 후천적으로 규범형 성격도 만들어지고 있다. 여행에서 가장 중요한 것은 '부모를 잊어버리지 않는 것'이라는 규칙을 정했는데 잘 지킨다. 딸은 전형적인 행동형의 특징도 보여서 항상 수영장이 있는 곳으로 여행을 간다. 움직이지 않고 구경만 하면 "힘들다.", "졸리다." 라고 하면서 찡찡대기 때문이다.

아들은 전형적인 규범형이다. 유전자의 힘이 무섭다는 것이, 아빠인 나도 전형적인 규범형이다. 책임감이 강하고 규칙을 지키는 것을 중요하게 생각한다. 아들은 어린이집에서 모범생이다. 상담하러 갈 때마다 선생님의 사랑을 독차지한다. 다만, 어린이집에서 혼자 노는 모습을 종종 보이기에 가족과 함께 노는 연습을 많이 하고 있다. 나도 혼자 많이 놀았는데… 왜 내 어릴 적 모습이 보이는지, 웃기면서도 슬프다.

아이들과 함께 본격적으로 여행을 해 보면 아이들의 성격을 발견하고 부족한 부분을 조금씩 채워 줄 수 있기에 아빠 역할을 잘하게 되는 것 같아서 좋다. 아이들이 4세 이전에는 땡깡을 피면 피곤해서 그런 것인지, 성격이 원래 그런 것인지 정확하게 파악하기 어려웠지만, 4살이 넘어가면서부터는 정확하지 않아도 어느 정도 파악이 된다.

우리 아이의 성격이 파악되면 부모는 아이의 성격을 인정해 줘야 한다. 집 안에서만 아이를 보면 나도 답답하고 아이도 답답하기에 서로의 다른 성격을 인정하기가 어렵다. 그런 면에서 여행이 참 좋다. 집 밖으로 나오기만 해도 마음이 넓어지고 아이들이 찡찡대도 보는 사람이 많아서 짜증을 내기가 어렵다. 마음도 여유로워지니 아이를 좀 더 객관적으로 보게 된다.

아이와 부모가 성격이 비슷하면 좋겠지만, 서로 다르다면 보통의 부모는 부모의 성격에 아이를 맞추려고 한다. 그러나 그럴수록 아이들이 비뚤어진다. 여행은 이런 비뚤어진 관계를 다시 돌려놓는 힘도 있다.

여행을 통해서 객관적으로 아이의 성향을 파악하고, 관계도 개선하고, 아이의 부족한 점을 채워 줄 수 있다.

무엇보다 여행이 가장 좋은 건 가족이 오롯이 함께 있고, 가족만 쳐다보면서 진정한 가족을 느낄 수 있다는 것이다. 주변의 초등학교 고학년 가족과 여행을 가 보면 스마트폰만 쳐다보고 서로 이야기하지 않는다. 어릴 적부터 함께하는 것이 익숙하지 않다면, 여행 가서 익숙한 스마트폰과 친구가 되는 것이다.

이 글을 쓰면서 뜬금없이 아이들에게 물어봤다.

"딸, 가족끼리 여행 가면 왜 좋아?"
"가족끼리 함께 있을 수 있고, 우리끼리 얘기하고 친해질 수 있으니까."

"아들, 아들은 여행 가면 왜 좋아?"
"어린이집 안 가고 놀고, 행복하게 지낼 수 있어서."

아이들도 생각할 줄 안다. 여행을 마친 직후에는 "수영해서 좋았어.", "재미있는 것을 봐서 좋았어."라고 이야기하지만, 결국 시간이 지나면 가족과 함께 있어서 좋다고 느낀다. 물론 어린이집을 땡땡이치고 싶은 마음도 크겠지만 말이다.

아이가 4살이 된다는 것은 아이만의 성격을 볼 수 있고, 가족과 함께 여행 가는 것이 즐겁다는 것을 알게 되는 나이다. 가족과 함께 본격적인 여행을 갈 수 있는 나이가 된 것이다.

아이가 4살이 되었다면, 여행을 통해 아이를 알아가는 건 어떨까? 아이도, 부모도 진정한 가족여행을 즐길 수 있을 것이다.

02.
환상적인 여행
- 일본 홋카이도 토마무 리조트

나이를 먹다 보니 추운 날씨, 더운 날씨 둘 다 싫어진다. 나는 춥거나 더운 날에는 집에서 짜장면에 탕수육을 시켜 먹으면서 온종일 일본 애니메이션 보는 것을 좋아한다. 아니, 좋아했다. 신혼 때는 아내랑 주말 내내 미드(미국 드라마) 30편 몰아서 보기를 하고 그랬으니까. 아이들이 태어나면서 많은 것이 바뀌어서 폐인처럼 주말을 보내지는 못하지만, 여전히 시간 내서 폐인 놀이를 해 보고 싶다. 이제는 로망이다. '언젠가는 또 할 수 있지 않을까?' 하는 희망만 품고 있다.

추울 때 움직이기 싫어하는 나는 재미있는 자격증을 가지고 있다. CASI(Canada Association of Snowboard Instructors) Level 1 자격증이다. 쉽게 설명하면 스노보드 초급 강사 자격증이다. 서른 살 때 우연을 가장한 노력으로 획득한 자격증이다. 강사 자격증을 따면서 알게 된 사람들과 겨울에 스노보드를 타러 많이 다녔다. 아내와도 홋카이도로 스노보드를 타러 몇 번 원정을 하러 갔었다.

처음 원정 때는 아내가 힘들다고 울먹였던 기억이 나는데, 두 번째 갔을 때는 "너무 몽환적이다."라고 이야기했던 기억이 난다. 남편 입장에서 그 말을 듣는 게 얼마나 뿌듯하던지. 아이가 태어나고 나서는 홋카이도 스노보드 원정이 우리 부부의 희망 사항이었다. 그렇지만, 아이가 있어서 해외여행도 두려운데 더구나 해외의 추운 곳을 가는 건 당연히 꺼려졌다.

그런데 우리 딸이 4살 때 우연히 홋카이도에 있는 토마무 리조트를 갈 기회가 생겼다. 정말 고민되었다. 왜냐하면, 그 당시 우리 둘째가 24개월 정도였기 때문이다. 열대 지방이라면 갓난아이도 데리고 가서 물장난이라도 치면 되는데 겨울에 일본의 홋카이도에 가는 것은 감당할 엄두가 안 났기 때문이다. 정말 고심에 고심을 더해서 처음이자 마지막으로 둘째 아이를 어머니 댁에 맡기고 첫째 아이만 함께 여행을 가기로 결정했다.

아이에게 미안하다는 마음이 심하게 들었지만, 그 방법이 아니면 기회를 놓치게 되니 굳센 마음으로 결정했다. 사실 심적으로는 첫째 아이도 놓고 가고 싶었으나 이미 엄마, 아빠랑 함께하는 것을 아는 첫째 아이를 한국에 놓고 갈 수는 없었다.

일본 홋카이도에서 스키 혹은 스노보드를 즐기며 여행하는 방법 중 가장 편한 방법은 반 패키지를 이용하는 것이다. 항공권은 본인이 예약하고 여행사에서는 호텔, 공항버스, 리프트권만 예약해 준다. 그중에서도 숙소 위치 기준으로 즐기는 방법이 있는데 간략하게 소개하려고 한다. 물론 개인적인 경험이니 절댓값은 아니다.

첫 번째는 리조트에서 스키나 스노보드를 즐기는 것이다.

홋카이도에는 많은 스키장이 있다. 대부분의 스키장은 호텔이 하나씩 있고 스키장 주변에는 아무것도 없다. 차를 타고 20~30분 정도 나가면 우리나라의 읍내 같은 곳들이 있지만, 스키를 타고나면 피곤해서 잘 나가지 않게 된다.

개인적으로는 니세코 지역을 좋아한다. 니세코에는 우리나라 용평 스키장의 2~3배 정도 크기의 스키장이 4개 정도 모여 있다. 전부 자연설이기에 펜스도 없고, 정식 슬로프가 아닌 곳에서도 라이딩을 할 수 있기에 실제 체감 면적은 용평 스키장의 10배 이상은 된다. 실제로 일주일 정도 즐겨도 못 가 본 곳이 있을 정도다.

니세코 지역의 특징은 영어가 통하고 외국인이 많다는 것이다. 2000년대 초반부터 호주 사람들이 투자해서 호주나 유럽 사람들이 파우더 스키를 즐기러 온다. 덕분에 숙박비가 점점 비싸지고 있지만, 일본에서 느껴보지 못한 외국 문화를 볼 수 있는 특이한 지역이다.

니세코 지역의 대표적인 가족 리조트는 힐튼이다. 시즌 때 호텔이 비싸기는 하지만, 나중에 우리 아이들이 스키나 스노보드를 배우고 싶다고 하면 꼭 여기서 가르치고 싶다. 돈을 많이 벌어야겠다.

니세코는 호텔 생활보다 우리나라 펜션 같은 곳들도 많아서 장기 투숙자라면 콘도나 펜션 같은 곳에 투숙하면서 즐기는 것도 좋다. 실제로 장기 투숙하는 외국인이 많은 곳이 니세코다.

니세코의 니세코 빌리지 주변에는 작고 예쁜 마을이 조성되어 있어서 식당이나 상점을 탐방하는 재미도 쏠쏠하다. 장기 여행이라도 절대 지루하지 않을 만한 지역이 니세코다.

니세코 지역은 매우 넓으므로 단기 스키어들이나 어린아이를 데리고 가는 사람들에게는 좋지 않다. 아이들과 함께한다면 토마무 리조트를 강력히 추천한다. 비록 다른 곳보다 비용적으로 부담이 되지만, 커다란 파도 풀에 아이스월드 등 아이들이 좋아할 만한 다양한 액티비티가 있는 곳이다. 다만 최근에 일부를 클럽 메드가 사용하고 있어서 그런지 가격이 좀 더 올라간 느낌이 든다. 6개월 전부터 준비하면 얼리버드 예약 등을 이용해서 생각보다 저렴하게 다녀올 수 있다.

토마무 리조트가 너무 비싸다면, 홋카이도에는 다양한 선택지가 많다. 루스츠 리조트나 후라노 리조트 등도 좋다. 스키 타고, 온천욕 하고, 눈놀이하기에 좋다. 음식도 맛있고 야간에도 간단하게 즐길 수 있게 주변이 조성되어 있다. 다만, 수영장이 없다. 그래서 토마무 리조트 이외의 장소는 초등학생 정도는 되어야 함께 오기 좋은 곳이다. 스노보드를 즐기면서 아이들이 5~6학년 때 이런 곳에서 일주일 정도 함께 있고 싶다는 생각을 해 본다. 분명히 내 소원이 이루어지리라 믿는다.

두 번째는 삿포로 시내에 숙소를 두고 버스 패키지를 이용하는 것이다.

아빠는 너무 스키나 스노보드를 타고 싶은데 엄마가 싫어하는 경우에 좋은 선택지다. 삿포로에는 우리나라처럼 약 6만 원 정도에 버스와 리프트 티켓을 파는 패키지가 있다. 금액은 환율과 물가에 따라 바뀌는데 최근에는 6만 원 정도에 판매되고 있다.

아침에 호텔 앞에 버스가 오면 스키복을 입고 버스에 탄다. 약 1시간 후에 스키장에 내려준다. 장비가 있는 사람은 그대로 스키를 타러 가면 되고, 장비가 없는 사람은 대여해서 스키를 타러 가면 된다. 오후 4시 정도에 호텔로 돌아가는 버스를 타러 주차장으로 가면 다시 1시간 후에 호텔에 도착한다. 눈이 너무 많이 와서 차가 막혀도 6시 정도에는 호텔에 도착하니 도착해서 옷을 갈아입고 오후에 삿포로 라이프를 즐기면 된다.

아빠가 스키를 타러 간 사이에 엄마는 호텔 라이프를 즐기다가 쇼핑도 좀 하면서 여유 있는 시간을 보내면 된다. 삿포로는 맛있는 음식점도 많고 일본 특유의 아기자기한 것들을 볼 수 있는 곳도 많다. 술을 좋아하시는 분들은 삿포로 맥주 공장이나 위스키 공장에 방문해 보는 것도 재미난 경험일 것이다.

세 번째는 공항에 숙소를 정하고 스키장을 이용하는 것이다. 홋카이도의 신치토세 공항은 며칠간 머물러도 좋을 만큼 구성이 잘 되어 있다. 활주로를 보면서 먹는 푸드코트도 좋고, 국내선 쪽에는 쇼핑몰이 시장처럼 형성되어 있어 맛집도 많다.

신치토세 공항의 호텔이 생각보다 비싸지 않기에 내가 아는 지인은 항상 공항 호텔에서 2~3일 정도 묵는다. 공항에서는 홋카이도의 웬만한 지역을 가는 공항버스들이 있기 때문이다. 피곤하면 공항에서 놀고, 스키를 타고 싶으면 스키장 버스를 예약해서 스키장으로 간다. 관광이나 스시를 먹고 싶으면 버스를 타고 유명한 지역으로 이동한다. 삿포로에 숙소를 정하는 것과 비슷하기는 하지만 이것저것 알아보고 구경하는 것이 귀찮은 사람에게 추천하는 여행 방법이다.

토마무 리조트에 딸과 함께 간 이유는 수영장이 있기 때문이다. 4세의 딸과 스키 타기는 어렵다고 생각해서 실내 수영장이 있는 스키 리조트를 찾아봤는데 토마무 리조트만 유일했다.

그 선택은 탁월했다. 우리는 수영장에서 미친 듯이 놀고 눈놀이도 원 없이 하고 왔다. 구매한 리조트 패키지에 무료 스키 강습이 있어서 딸과 함께 신청해서 강습을 받았는데 10분 만에 아빠랑 눈놀이를 했다. 강사의 말에 집중하지 못하고, 다리의 힘이 부족해서 스키에 서 있기도 쉽지 않았기 때문이다. 역시 뭐든지 때가 있는 법이다.

덕분에 우리는 토마무 리조트의 모든 액티비티를 다 해 보았다. 수영장이랑 온천은 하루에 두 번씩은 가고 눈에서 타는 바나나 보트, 각종 눈썰매를 즐기고 저녁마다 아이스월드에서 신비로운 느낌을 받으며 산책을 했다. 화이트 피크닉이라는 눈 덮인 산을 등산하고 마시멜로를 구워 먹으며 내려오는 경험도 했는데 아이보다는 어른이 더 즐거웠다. 개인적으로는 스노보드 이외에 다른 것도 할 수 있는 좋은 경험이었다.

우리 가족은 딸과의 첫 번째 스키 여행으로 우연한 기회에 토마무 리조트를 갈 수 있었지만, 어린아이들과 함께 겨울 여행을 하기는 쉽지가 않다. 열대 지역보다 준비해야 할 것도 많고 짐의 부피도 상당하다. 하지만 그 당시에 우리 딸이 했던 한마디에 모든 수고로움이 다 사라졌다.

"딸, 놀러 오니까 어때?"
"참 환상적인 여행이었어!"

여행이란 4살짜리 아이도 감탄이란 감정을 느끼게 해 주는 것 같다. 이런 맛에 아이랑 함께 여행하는 듯하다.

토마무 리조트의 화이트 피크닉을 즐기는 중이다. #일본 홋카이도 토마무 리조트

03.
극한 육아 여행
- 일본 오키나와 아메리칸 빌리지

아이들과 함께했던 진정한 첫 번째 해외여행은 오키나와였다. 오롯이 가족 4명이 함께 해외로 간 첫 여행이기 때문이다.

오키나와를 선택한 가장 큰 이유는 비행시간이 짧아서다. 여행 당시는 둘째 아이가 30개월 정도 되었을 때인데, 30개월 된 아이를 포함해서 두 아이를 데리고 2시간 이상 비행하는 것은 두려웠다.

오키나와를 선택하고 어떻게 여행을 가야 하는지 계속 고민했다. 일본은 가끔 가 봤지만, 오키나와는 처음 가 보는 곳이었기 때문이다. 첫 여행 이후 오키나와를 다섯 번 정도 다녀왔는데 우리 가족이 즐겼던 오키나와를 여행하는 방법은 세 가지가 있다.

첫 번째, 렌터카를 빌려서 여행하는 방법
두 번째, 대중교통을 이용해서 여행하면서, 현지 여행 투어를 이용하는 방법
세 번째, 대중교통을 이용해서 시내 위주로 관광하는 방법

셋 다 장단점이 있는데 렌터카를 빌려서 여행하면 가장 큰 장점은 어디든지 편하게 갈 수 있다는 점이다. 오키나와에는 차가 많지 않아서 렌터카를 운전하는 것도 어렵지 않다. 다만, 차량의 운전석이 한국과 반대다. 그래서 많은 한국인이 역주행한다고 한다. 나도 몇

번 섬뜩한 적이 있기는 했다. 섬뜩한 경험 이후부터는 항상 아내에게 옆에서 전방 주시를 해 달라고 부탁한다. 혹여 내가 운전을 잘못하면 다 같이 먼 곳으로 갈 수 있기에 아내도 옆에서 졸지 않고 잘 있어 준다. 개인적으로 오키나와에서 운전하면 보조석 동승자의 역할이 중요하다고 주장한다. 운전석도 바뀌었고 초행길인 데다가 신호등 체계도 조금 다르므로 운전자도 당황할 때가 있기에, 그럴 때는 한 번씩 보조석 동승자가 주의를 시켜야 한다.

대중교통을 이용해서 여행하면서 현지 여행 투어를 이용하는 방법의 장점은 운전을 안 해도 된다는 것이다. 한 달씩 여행하는 것도 아니고 보통 3박 4일이나 4박 5일 여행하는데 운전까지 하고 돌아가면 조금 힘들기에 현지 투어를 이용하는 것도 좋다.

현지 투어의 단점은 놀고 싶은 곳에서 오래 못 있는다는 것이다. 우리 딸이 츄라우미 수족관의 놀이터에서 놀고 싶다고 울고불고하는데 버스 시간 때문에 놀지 못했던 기억이 난다. 두 번째 단점은 아이가 어리면 아이가 찡얼대도 쉬어갈 수가 없다는 것이다. 정해진 투어를 해야 하기에 여행사에서 아이의 컨디션을 고려해 주지 않는다. 한 번은 돈을 아끼려고 막내 아이의 자리를 예약하지 하고 세 좌석에 4명이 앉아서 갔다. 일본은 아이를 부모가 안고 있다는 가정하에 36개월 미만은 버스를 무료로 이용할 수 있다. 하지만 막내가 너무 찡찡대서 정말 힘들었다. 관광버스가 그렇게 꽉 찰 줄은 몰랐다. 복불복이지만 돈으로 나의 편안함을 살 수 있다면 그게 더 좋은 듯하다. 그래 봐야 5만 원이다.

세 번째로 대중교통을 이용해서 시내 위주로 관광하는 방법도 나름 색다른 방법이다. 이 코스는 아이들이 좀 컸을 때 경험한 코스인데 서울로 따지면 명동, 인사동, 서울타워, 경복궁, 재래시장, 상암

평화공원에 있는 아기 새의 모험 놀이터 등을 다녀온 것과 같다. 서울도 이렇게 다니려면 3박 4일은 필요할 것이다. 오키나와도 그렇다. 오키나와를 여러 번 다녀와서 바다도 시큰둥하다거나, 일주일 이상 오키나와를 간다면 한 번쯤은 권해보고 싶은 여행 코스다.

어쨌든 간에 이번에는 우리 가족의 첫 여행이었기에 아내랑 렌터카를 할지, 대중교통을 이용해 볼지 의논했다. 미국이나 독일 같은 해외에서 운전을 해 보긴 했지만, 반대편 운전석에서 운전하는 것은 처음이었기 때문에 두려움이 컸다. 마침 그 당시 오키나와 갔다 왔던 친구가 있어서 그 친구에게 전화해서 운전하기 어땠냐고 물어봤다.

"너무 힘들었다. 운전하다 죽는 줄 알았다."
"왜?"
"운전석도 반대고, 운전도 많이 했다. 힘들었어."

여러 가지로 두려움이 있어서 아내랑 대중교통으로 이동하는 것으로 합의했다. 그리고 숙소를 정하기 위해서 아내랑 엄청나게 검색했다. 비행기 표를 예약할 때는 몰랐는데 그 당시가 11월 초였기 때문에 야외 수영장은 전부 'close' 상태였다. 오키나와는 항상 여름인 줄 알았는데 11월부터 3월까지는 야외 수영장을 오픈하지 않는다. 여러 가지로 고민하다가 숙소를 선정하는 나름의 기준을 만들었다.

첫째, 막내가 어리니 다다미방이어야 한다.
둘째, 대중교통을 이용해야 하니 공항에서 멀면 안 된다.
셋째, 수영할 수 있는 장소가 있거나 실내 수영장이 있어야 한다.

이 모든 조건을 다 만족하는 곳을 찾았더니 비쌌지만, 차를 빌리지 않을 거라서 과감히 예약했다. 아메리칸 빌리지에 있는 더 비치 타워 오키나와란 호텔이었다. 오키나와에 몇 없는 온천이 있는 호텔이어서 수영을 언제든지 할 수 있고, 바다가 바로 앞이기에 모래 놀이도 할 수 있었다. 수영을 좋아하는 아내는 추위를 무릅쓰고 바다에 뛰어들기도 했다. 당연히 다다미방이 있는 호텔이고, 공항에서도 30분 정도의 거리였다. 어차피 비행기는 피치항공의 저렴한 표였고 차도 빌리지 않았기에 호텔 숙박 비용은 좀 비싸도 괜찮다고 위로하며 예약했다.

비행기를 예약하고 호텔도 예약하고, 짐도 다 싸고 드디어 출발하기 전날이었다. 갑자기 생각난 것이 있어서 아내에게 이야기했다.

"이번에는 대중교통으로만 이동해 보면 어때?"
"왜?"
"어차피 렌터카도 안 했는데 그냥 경험 삼아서?"
"그럼 그래 볼까?"

이때는 몰랐다. 대중교통을 이용한 우리의 여행이 극한 육아 여행이 될 것을 말이다.

대중교통을 이용하기로 했으니 전철을 이용해서 공항에 도착했다. 지하철을 탄 아이들은 처음에는 재미있다며 즐기는 듯했으나 1시간 이상 타니 지루해했다. 그래도 달래가며 공항에 도착했다.
공항에서 나름 공항 라이프를 즐기며 비행기를 타러 갔더니 역시 피치항공다웠다. 지연 출발이다. 출발이 늦어져도 무사히 도착만 하면 되니까 룰루랄라 비행기를 타고 오키나와 나하 공항에 도착했다. 아이들을 데리고 짐도 끌고 자신 있게 미리 알아본 공항버스를 타러 갔는데 공항버스 막차가 떠났다고 했다. 거참. 이놈의 피치항공 연착.

잘 안되는 영어로 마구 물어보니 택시를 타는 게 좋다고 해서 택시를 타고 호텔로 갔다. 그 당시 요금으로 3,500엔 정도 나왔는데, 공항에서 당황하고 헤맨 것만 빼면 다행이다 싶었다. 약 삼만 오천 원이라는 비용으로 그래도 편안히 호텔에 도착했으니 말이다.

호텔은 미리 알아본 것처럼 만족스러웠다. 항상 저렴한 호텔을 가다가 좋은 호텔을 가니 아침 뷔페도 좋고, 호텔에서 운영하는 츄라우 온천은 하루에 세 번씩 갔다. 마트도 가까워서 날씨가 좀 쌀쌀하면 마트 놀이도 하고, 아메리칸 빌리지가 걸어서 5분 거리라 색다른 분위기도 즐겼다.

그런데 이런 여유 있는 여행 속에서 극한 육아 여행의 정점을 찍은 것이 오키나와 당일 투어였다. 돈을 아낀다고 유아 비용을 지불하지 않았더니 버스에 자리가 세 자리만 배정이 되었다. 버스 타고 왕복 6시간 이상 이동하는데 막내는 찡찡대면서 엄마에게만 안겨 있지, 빈자리는 없지, 안내는 일본말이기에 무슨 말인지 못 알아들으니 지루했다. 만약 아이랑 버스 투어를 가려고 하시는 분들은 편하게 아이용 자리를 하나 더 예약하라고 권하고 싶다.

버스 투어를 다녀와서도 당연히 온천 수영장에서 수영하고 하루를 마감했다. 힘들었지만, 온천에서 마무리하는 하루는 정말 행복했다. 온천에서 수영하고 마시는 우유 한 잔을 아내는 아직도 잊지 못한다. 우리가 어릴 때, 아니, 내가 어릴 때 먹었던 동그랗고 조그마한 우유병에 종이 뚜껑이 달린 우유였다. 우유를 좋아하지 않는 나도 한 병씩 사 먹은 마성의 맛이라고나 할까?

차가 없었기에 도보로 이동 가능한 아메리칸 빌리지의 여기저기를 많이 돌아다녔다. 음식도 블로그 등을 통해서 맛있다고 하는 곳들을 다녀보았는데 역시 음식은 한국이 최고다. 가격은 한국보다 약간 비싼 정도지만 역시 한국인 입맛에는 한국 음식이 최고다. 그래도 최초의 온 가족 해외여행이니 최대한 맛있는 것을 많이 사 먹고 다녔는데 딱히 기억나는 것은 없다는 게 함정이다.

즐거운 여행이 끝나고 다시 피치항공을 타러 오키나와 나하 공항의 LCC 터미널로 향했다. 비행기가 연착되었는데 대기실에는 매점 하나와 자판기 하나만 덜렁 있었다. 아이들과 몇 시간을 뛰어놀았다. 힘들어서 죽는 줄 알았다. 아이들도 연착을 포함해서 3~4시간을 아무것도 볼 게 없는 LCC 터미널에서 보내려니 얼마나 지루하겠는가? 당일 버스 투어가 극한 육아 여행의 정점이었다면, LCC 터미널에서는 극한 놀이의 정점이었다. 그래도 무사히 한국에 돌아왔다. 그리고 힘든 몸을 이끌고 지하철을 타고 집으로 돌아가서 당연히 뻗었다.

육아 여행을 계획하면서 가장 큰 착각을 한 것이 비행시간의 함정이다. 비행시간 2시간이면 가깝고 편하겠다고 생각하지만, 집에서 출발해서 호텔에 도착하는 시간을 계산에 넣지 않으면 생각보다 힘든 것에 당황하게 된다. 오키나와에서 집으로 돌아갈 때는 아침 9시에 공항버스를 타기 위해서 8시 30분부터 버스 정류장에서 대기했다. 그리고 집에 도착하니 오후 8시 정도가 되었다. 물론 비행기가 연착되어서 그런 것도 있고, 대중교통을 이용한 여행을 했기 때문이기도 하지만, 약 12시간의 이동 거리는 어른이나 아이 모두에게 힘이 드는 이동 거리다.

아마 우리가 그 당시 오키나와 대중교통을 이용한 여행이 극한 육아 여행이라고 생각한 가장 큰 이유 중 하나가 이동 시간 때문이지 않을까 싶다.

지금은 육아 여행을 하면서 이동 시간이 길다면 그에 맞춰서 아이들과 어떤 것을 해야 할지 또는 어디서 쉬어서 갈지 등을 고민한다. 첫 온 가족 육아 여행에서는 부족한 것이 많았다. 여행 고수와 육아 여행 고수는 다른 듯하다. 그래도 우리 가족 모두가 함께한 첫 번째 해외여행에서 극한의 즐거운 추억을 얻었다.

아이들이 놀고 싶어 했던 츄라우미 수족관 놀이터다.
2년 후에 다시 방문해서 신나게 놀다가 왔다. #일본 오키나와 츄라우미 수족관

세계 어디서든 유모차에서 취침이다. #일본 오키나와

온천욕 하고는 우유를 먹어야지! #일본 오키나와

04.
별과 함께, 경험과 함께
- 미국령 괌 여행

저녁에 산책하러 나가는데 딸이 이야기한다.

"별이 엄청 많다. 별 찍어 갈까?"

괌에 도착하고 나서 저녁에 딸이 한 이야기다. 6살이 된 딸이 이제는 주변을 넓게 관심을 가지고 생각 표현도 많이 한다. 딸이 이런 표현을 할 정도로 괌은 평화로운 곳이다. 다만 비싸서 또 가려니 고민이 되는 곳이기도 하다. 6살 아이가 별을 보면서 감동할 때 4살 아들은 유모차에서 휴식을 취했다. "엄마, 안아줘."라고만 하지 않아도 여행이 평화롭다.

어느 날 갑자기 괌에 가고 싶어졌다. 비행기 표 검색을 하니 마침 저렴한 비행기 표가 있는 것 같아 예약했다. 낮 비행기에 4명이 110만 원 정도였는데 특가에 비해서는 비싸지만, 육아 여행에서는 낮 비행기가 최고라 생각하며 예약했다. 지금은 저 금액의 비행기 표도 쉽게 찾기가 어렵다. 물가가 올라서 그런지 점점 더 특가 항공권 찾기가 어려워지는 것 같다.

비행기를 예약하고 나서는 호텔을 고민했는데, 괌 호텔을 고를 때 고민했던 1순위는 PIC 리조트다. 삼시 세끼 다 주지, 밤에 쇼도 보여 주지, 아이들과 함께 놀 수영장 규모도 크고 하니 항상 고민이다. 그러나 잠시 고민하다가 이번에는 PIC를 선택하지 않기로 했다. 다른 곳으로 결정한 가장 큰 이유는 아이들이 PIC의 환경을 다 이용하지 못할 것이 뻔하다는 거였다. 두 번째는 나만의 의견이긴 했는데 PIC 밖에서 파는 음식도 좀 먹어 보고 싶었다. 미국령까지 갔는데 햄버거에 콜라라도 한번 먹어 봐야 하지 않겠는가? 세 번째는 여유 있게 즐기고 싶어서였다. PIC는 워낙 액티비티가 많으므로 여유를 즐기기보다는 활동을 해야 돈 값어치를 하는 리조트다. 그래서 우리는 다른 리조트를 알아봤는데 그 당시는 롯데 호텔이 괌에 막 오픈을 한 시기라 비용이 괜찮았다. 방을 조금 비싼 방으로 예약해서 식사는 해피아워를 이용하자는 야심 찬 계획으로 롯데 호텔을 예약했다. 물론 해피아워로 맥주는 꽤 먹었지만, 안주로 배를 채우기는 힘들었다. 그래도 술로 배를 채웠으니 괜찮은 거래라고 해야 하나?

우리 가족은 미국령에 가면 쇼핑몰의 푸드코트를 자주 간다. 이유는 저렴하고 팁을 내지 않아도 되기 때문이다. 물론 맛은 그저 그렇다. 그래도 푸드코트를 이용하는 가장 큰 이유 중의 하나는 우리 아이가 영어를 한 번이라도 더 쓰게 하려는 것도 있다. "땡큐."나 "굿모닝." 정도는 호텔에서 쓰지만, 그 외의 영어는 쓰지 않기에 푸드코트에서 한 번은 쓰게 하려고 노력한다.

햄버거를 먹는데 딸이 콜라를 더 먹고 싶어 했다. 햄버거를 사면서 미리 알아봤는데 1회에 한해서 리필이 가능하기에 딸에게 이야기했다.

"딸, 가서 '리필 플리즈.' 하면 콜라 줄 거야."

"나 무서운데."

"그럼 같이 가 줄까?"

"응."

딸은 내가 뒤에서 지켜보는 가운데 무사히 콜라 리필을 해서 가지고 왔다. 딸은 뿌듯해하며 콜라를 들이켰다. 나는 주변인들에게 괌이나 사이판 등에 가면 꼭 푸드코트에서 아이들과 함께 음식을 주문해 보라고 추천한다. 색다른 문화도 느낄 수 있고 영어도 한 번씩 써 보는 재미가 쏠쏠하다.

우리 아내의 괌 여행 목표는 호텔 라이프였다. 비싼 돈을 들여서 비행기 타고 왔고, 비싼 호텔에 묵었으니 호텔에서 많은 시간을 보내고 싶어 했다. 아내는 아이들을 유모차에서 재우면서 호텔 해피아워를 즐기기도 하고 낮잠도 자면서 편안해했다. 나는 귀찮아하면서도 빨빨대는 스타일 같다. 아내가 아이들과 너무 호텔에만 있으니 혼자서 맥도날드에 가서 햄버거를 먹거나 작은 쇼핑몰들을 구경했다. 역시 맥도날드에는 한국인이 많다. 일본 여행하면서 스타벅스에 가면 한국인이 많고 미국령을 여행하면서 맥도날드에 가면 한국인이 많다. 역시 만만한 게 맥도날드와 스타벅스인가 보다.

아이들과 함께한 여행이라서 음식에 대한 사진이 거의 없다. 음식이 나오면 아이들 챙기기에 바빠서 사진 찍는 걸 잊어버린다. 여행의 꽃은 휴식과 먹거리인데 먹거리는 항상 내 기억 속에만 있다.

아이들은 칠리소스가 들어간 음식을 먹지 못한다. 전통적인 페퍼로니 피자도 특유의 맛으로 맵다고 느낀다. 난 분명히 맵지 않고 단데 우리 아이들은 맵다고 하니 생각보다 아이들과 함께 먹을 만한 음식이 없었다. 한국에서 가지고 간 햇반과 김 그리고 설렁탕 라면

이 우리 아이들을 지켜 줬다. 덕분에 음식값은 많이 남았다. 우리는 아이들과 함께 여러 나라를 다녔지만, 아직 매운맛을 좋아하지 않는 아이들 덕분에 음식에 대한 선택은 항상 어렵다. 이제 우리 딸이 김치를 조금씩 먹기 시작한다. 한 1~2년 정도 지나면 우리 가족도 좀 더 맛있는 것들을 먹으러 다닐 수 있겠지? 그럼 또 식비가 많이 들어서 힘들려나?

온 가족이 해외여행을 하면서 아이들이 어릴 때 부모의 로망 중 하나가 현지에서 친구를 만드는 것이다. 나도 종종 기대하지만, 생각보다 쉽지가 않다. 가장 큰 이유는 언어의 문제다. 우리 딸이 4~5살 때는 말이 안 통해도 다른 나라 애들한테 한국말로 "언니 놀자."라면서 함께 놀았다. 하지만, 7살 정도 되니까 말이 안 통하면 쑥스러워하며 잘 놀지 못한다. 딸이 6살 때의 괌 여행이 우리 딸이 말이 안 통해도 현지에서 만난 외국인 친구와 재미있게 논 마지막 여행이었던 것 같다.

나는 호텔에서 수영을 하면서 항상 주의 깊게 주변을 살펴본다. 우리 딸이 어울릴 만한 아이가 있나 하고 말이다. 딸과 비슷한 나이대의 아이들이 보이면, 딸과 수영하면서 슬금슬금 다가간다. 그리고 이것저것 물어보는데 영어가 되면 다행이지만 영어가 되지 않으면 손짓, 발짓으로 이것저것 물어보면서 딸과 붙여 준다. 괌에는 한국인들뿐만 아니라 일본인들도 많이 오는데 마침 예쁜 일본 여자아이가 동갑이어서 우리 딸과 한참 놀았고, 오키나와에서는 중국 아이랑 놀았고, 말레이시아에서는 현지 아이들과 놀았다. 딸은 쑥스러워하지만, 말이 안 통해도 어떻게든 놀기는 하는 것 같다. 괌에서 만난 일본 아이는 우리랑 노는 게 너무 재미있었나 보다. 우리 가족 사진을 찍는데 가족인 것처럼 와서 함께 사진을 찍었다. 사진을 찍어 주던 아이의 아빠가 당황해하던 모습이 아직도 기억난다.

괌을 선택한 이유는 날씨, 음식, 호텔, 영어권 등의 이유도 있지만, 바다가 있다는 것이 가장 큰 이유다. 아이들이 워낙 도시인들이라서 바다에서 오래 놀지 못한다. 바닷물에 들어가자고 하면 무서워서 못 들어가고, 아들 같은 경우에는 신발에 모래가 들어가는 것이 싫다고 찡찡댄다. 괌은 대부분 호텔이 해변과 붙어있기에 바다에서 찡찡대면 다시 호텔로 오면 돼서 편하다.

한편으로, 괌에 갈 때마다 안타까운 건 앞바다의 산호가 점점 사라져 간다는 것이다. 처음 괌에 갔을 때는 호텔 해변에서 조금만 나가면 산호와 열대어를 볼 수 있었고 아내가 물고기에 물려서 찡그리기도 했다. 몇 년이 지나서 가니 앞바다의 산호는 거의 사라졌고 스노클링 하면서 열대어를 보기가 어려워졌다. 사람 손을 많이 타니 산호들도 다 죽어나는 것 같다.

첫날에는 모래를 어색해하던 아이들이 날이 지나면서 괌 해변에서 시간을 보내기 시작했다. 괌은 저 멀리 산호의 벽이 있기에 호텔 앞의 바다는 파도가 세지 않아서 아이들이 놀기 좋다. 1년에 한 번 쓰는 방수 액션캠도 가지고 가서 아이들도 많이 찍었는데, 나중에 잘 보지도 않으면서 꼭 물속에서의 영상을 찍었다.

아내님이 아들과 바닷가로 가기에 액션캠을 건네주었는데 바닥과 충돌했다. 액션캠이니 이 정도 충격에는 큰 문제가 없겠지 하고 물속에서 계속 촬영했는데 액션캠에서 거품이 올라왔다. 아무 생각 없이 몇 번 찍다가 한국에 와서 보니 액션캠이 죽어 있었다. 충격으로 바닷물을 먹은 것이다. 아내가 미안한 마음에 하나 더 구매하라고 이야기하는데 3년이 지난 지금도 구매하지 못했다. 이유는 액션캠이 없어도 여행하는 데 전혀 불편함이 없어서다.

한 번은 방수가 된다는 스마트폰으로 수영장에서 동영상을 찍고 나서 여행 내내 충전 불량으로 고생했던 적도 있다. 세상에 완벽한 것은 없으니 그냥 망가지면 기억에서 잊어버리는 것이 상책이다. 액

선캠이 망가지면서 아내에게 짜증을 냈는지는 잘 모르겠지만, 만약 짜증을 냈으면 미안하다는 말을 꼭 전하고 싶다.

　아이들과 커 가면서 함께 느낄 수 있는 것들이 많아지니 점점 여행이 흥미로워진다. 전에는 아이들과 함께 휴양한다는 상상을 해보지 못했는데 6살, 4살의 두 아이를 데리고 간 괌에서는 조금이지만 휴양을 했더니 여행이 꿀맛 같았다.
　괌으로의 여행은 많은 이유가 있을 것이다. 태교 여행, 첫 해외여행, 남들이 가니까 나도 한 번 가 보는 것, 안전하고 더운 나라에 가고 싶어서 등의 이유가 있겠지만, 아이가 어리면 그냥 휴양을 즐기기 위한 여행은 어떨까? 별도 보고, 좋은 공기도 마시고, 모래에 발도 디뎌보고, 콜라도 리필해 보면서 호텔 라이프를 즐긴다면 아이도, 부모도 돌아오는 길에 하고 싶은 이야기가 많은 여행이 될 것이다.

괌 푸드코트에서 대견하게 콜라를 스스로 리필해서 먹는 딸이다. #미국령 괌

호텔 밖을 나가기 싫어하는 아내 덕분에 혼자 맥도날드 햄버거를 포장해서 갔다. #미국령 괌

아들의 첫 비행기, 첫 바닷가 놀이로 용기를 만들어 간다. #미국령 괌

05.
현지인처럼 살아 보기
- 제주도 금능 해변 살기

언제부터인가 제주도 한 달 살기가 유행이다. 우리 가족이 좋아하는 여행은 한 군데에 머물면서 그 동네를 알아가는 것이기에 우리에게 너무 잘 맞는 컨셉이다. 한 달 살기라는 유행이 돌자 계획을 한 번 잡아봤다. 고민할 당시에는 둘째가 4살이었는데 엄마 껌딱지에다가 어디로 튈지 모르는 스타일이었다. 6살 첫째 아이만을 데리고서라면 행복하게 한 달을 지낼 자신이 있었는데, 어디로 튈지 모르는 4살 둘째 아이까지 데리고서 하기에는 감당할 자신이 없어서 포기했다. 물론, 한 달 동안이나 여행을 가면 회사에서 잘릴 것 같아 시도해 보지 못한 것도 있었다.

아내랑 이것저것 이야기하다가 일주일 정도만이라도 여유 있게 제주도에 다녀오기로 했다. 싱글 때 여행으로 가는 제주도와 아이들과 함께 육아 여행하는 제주도는 맛이 다르다. 물론 우리 아이들이 돌 때부터 제주도는 몇 번 가봤지만, 그때는 아이들이 너무 어렸기에 유모차를 이용한 숙소 주변 산책이 전부였다. 차로 30분만 이동해도 멀미하고 짜증 내는 아이들 데리고 관광을 하기에는 부담이 컸다.

어느 정도 시간이 지나서 아이가 6살, 4살 때 여행 간 제주도는 돌 때와는 또 달랐다. 우리 아이들이 이 정도로 컸나 싶을 정도로 즐기고 적응도 잘했기 때문이다. 아이가 자라면서 여행 형태도 함께 변화해 가는 것 같다.

우리도 한 달 살기 컨셉에 맞게 현지인처럼 조용하게 즐기다 오고 싶어서 제주도의 이곳저곳을 검색하다가 금능해수욕장을 발견했다. 그동안 주로 갔던 곳들이 성산 일출봉이나 중문 관광 단지 쪽이었는데, 그곳만 갔던 특별한 이유는 없었고 그쪽에 있는 호텔이나 숙소 특가들을 이용하다 보니 주야장천 갔던 것이다. 이번에는 여유 있는 여행을 원했기에 인터넷 검색 등을 통해 제주도 서쪽의 금능 해수욕장이 조용하다는 것을 발견하고 그쪽의 민박을 예약했다. 최대한 현지인처럼 살아 보기가 목표였기 때문에 호텔 같은 곳보다 민박을 이용했는데 도착해서 보니 금능 해변 쪽은 어차피 호텔 같은 곳들이 없었다.

며칠 있으니 사람들이 많이 가고 유명한 곳은 금능 옆의 협재라는 것을 알았다. 금능은 식당도 별로 없어서 간혹 협재 쪽으로 가서 사 먹기도 했는데 거리의 복잡함 때문에 협재를 배제한 것이 다행이란 생각이 들었다. 데이트할 때는 협재에서도 여유 있게 즐겼던 기억이 있다. 시간이 지나면서 제주도도 많이 변해가고 있다는 것을 느끼게 된다. 금능은 바닷가 해변 앞의 땅이 정부 땅이라 개발을 할 수 없다고 한다. 아마도 당분간은 금능이 조용한 바닷가를 유지할 거라는 생각이 든다.

여행을 간다고 하면 우리 아이들은 항상 웃음을 머금고 다닌다. 너무 의욕이 과해서 아빠에게 제재를 당해도 언제 그랬냐는 듯이 즐거워한다. 제주도 여행 당일, 비가 온다는 일기예보에도 즐거워하며 출발해서 무사히 제주도에 도착했다. 비에 대한 두려움을 제주도는 날씨가 매일 바뀐다는 마음으로 눌러버리고 제주도에 도착하니 상쾌한 날씨가 우리를 반겨주었다. 차를 렌트하고 민박으로 향하는 기분이 편안하다. 아이들이 어릴 때는 차에서 그렇게 울어대더니, 이젠 컸다고 낮잠을 자 준다. 덕분에 아내랑 시원한 바다와 맞닿은 파란 하늘을 보며 여유 있게 해안도로를 드라이브했다. 뷰 포인트에서 시원한 바람을 느끼며 자는 아이들을 흐뭇하게 바라보며 여행 첫날의 편안함을 즐겼다.

　다음날이 되자 아침부터 비가 내리기 시작했다. 민박은 리조트가 아니기에 비가 오는 날에는 아이들과 오래 있을 수가 없다. 아이들과 실내에서 놀 수 있는 곳들을 찾아다녔다. 제주도는 날씨가 변덕이라는 믿음을 가지고서 말이다. 항공 우주 박물관에서 신나게 놀다가 나오니 역시 비가 그쳐 준다. 여행에서 날씨는 항상 우리 편이다. 되지도 않는 믿음이지만, 그래도 믿으니까 날씨가 안 좋아도 긍정적으로 놀 수 있다.

　다음날도 우중충해서 바다에서 놀 만한 날씨가 아니었다. 고민하다가 그래도 제주도에 왔는데 물놀이는 해야겠다 싶어서 산방산 탄산 온천으로 향했다. 산방산 온천은 몇 년 전에 왔던 곳인데 크게 변한 것 없이 우리를 반겨 준다. 날씨가 우중충해서 우리가 더 반가워했을 수도 있다. 바닷가에서 하지 못한 물놀이를 여기서 아이들이 신나게 했다. 한참 놀다가 둘째가 스르르 눕더니 잠이 들어 버린다. 이런 적이 거의 없었는데, 비행기도 타고 계속 밖에서 놀아서 지쳤나 보다. 덕분에 아빠는 휴식 시간이다. 언제 깰지 몰라 아들 주변을 맴돌아야 하긴 했지만, 오래간만에 즐기는 혼자만의 여유는 살짝 어색하기도 했다. 혼자서 산방산 온천 2층에서 보는 경치도 꽤 운치가 있다.

어디를 여행해도 비가 온다면 하루에 한 군데 정도만은 관광을 한다. 현지인들은 비가 오면 집에서 TV를 보거나 커피숍에 가지 않을까? 우리는 아이들이 있기에 커피숍을 가지는 못하고 아이들이 즐길 만한 곳들을 간다. 놀다가 집에 돌아오면 아이들이랑 조금 더 어울리다가 피곤하니 TV를 틀어 준다. 해외에 나가서도 마찬가지인 것 같다. 놀거리를 만들어 주면 놀거리를 가지고 노는데 놀거리가 없다면 영어나 일본어 상관없이 만화라도 본다. 그래서 요새는 여행 갈 때마다 놀거리를 제법 가지고 간다. 아이들이 본인들 여행 가방에 장난감들을 한아름 챙기고, 별도로 아내가 그림 그리거나, 퍼즐, 게임, 종이 조립 책들을 챙긴다. 여행 가서 TV만 보는 것이 싫기에 아이들끼리 놀 것, 가족이 함께 놀 수 있는 것들을 골고루 준비해 간다. 여행 가방에서 기저귀가 빠지니 아이들의 장난감이 그 자리를 차지한다.

점점 날씨가 좋아져서 주변을 탐험하기 시작했다. 금능 주변은 6시가 넘으면 문을 연 식당을 찾기가 어려울 만큼 한가롭다. 해가 지면 해변을 산책하는 사람들만이 드문드문 보인다. 편의점 앞에서 막걸리를 마시면서 떠드는 동네 주민만 없다면 무인도 같다. 저녁마다 현지인이 된 기분이다. 할 것이라고는 바닷소리에 귀 기울이는 것밖에 없기 때문이다.

아이들을 위해서 햇반같이 가벼운 것으로 아침을 먹지만, 점심이나 저녁은 맛있는 것을 먹고 싶다. 맛있는 것을 찾기 위해 민박 주인과 많은 이야기를 했지만, 식당이 없단다. 그나마 주인과 이야기하다 발견한 금능포구의 식당은 간판도 없는 현지 식당이었는데, 맛은 아내가 만족해했다. 우리를 위해서 물회를 먹고 아이들을 위해서 보말죽을 시켜서 먹었는데 맛있었다. 다만, 저녁 6시 이후에는 문을 닫아서 결국 한 번밖에 먹지 못했다는 게 함정이다.

6시가 넘어서 출출할 때는 재래시장을 갔다. 재래시장에 있는 식당은 숙소 주변 식당보다 늦게까지 문을 열었다. 우리 가족은 국내를 여행하든, 해외를 여행하든 항상 현지의 재래시장에 방문한다. 얼마 전에 갔던 제주 동문시장은 가격과 분위기가 실망의 최고치였는데, 금능 근처에 있는 한림매일시장은 여전한 동네 시장 분위기였다. 특히 그곳에서 먹은 순대국밥과 족발은 제주도에서 먹은 최고의 음식이었다. 또 한 번 제주도 여행을 계획하고 있는데 그때 꼭 다시 가볼 생각이다. 우리 딸이 족발을 정말 맛있게 먹었는데, 이번에는 얼마나 더 맛있게 먹을지 기대가 된다.

여행지 도착 후 4일 차가 되니 해가 나기 시작한다. 아침에 일어나서 바다에 나가고, 점심 먹고 공놀이하고, 바닷물이 빠지면 물고기와 게를 잡으러 다녔다. 물이 다시 들어오면 또다시 모래 놀이와 수영을 한다. 하루 만에 딸의 얼굴이 동남아인으로 변했다. 그래도 좋단다. 우리가 제주도 현지인들보다 재미있게 놀았다는 생각을 해 본다. 제주도에 사는 사촌 동생은 주말에만 바닷가에 갈 수 있다. 본인은 평일에 일해야 하기 때문이다. 우리는 평일 내내 바닷가에서 살았다. 물론 강렬한 햇빛 때문에 아이의 살이 벗겨질 것 같아 매일 저녁 연고를 발라 주는 수고는 덤이다.

친구들과 술 한잔하면서 제주도 이야기를 하면 서로 많은 곳을 다녔다고 자랑한다. 마지막에는 돈을 정말 많이 썼다고 하면서 제주도 물가가 비싸다고 이야기한다. 제주도 물가가 육지보다 비싼 건 사실이지만, 우리 가족은 비싸게 음식을 사 먹은 기억이 별로 없다. 관광을 다니느라고 큰 비용을 소비하지도 않았다. 그냥 숙소 주변의 식당, 숙소 주변의 관광지를 구경하고 민박집에 와서 쉬었다.

현지인처럼 산다는 것은 이런 게 아닐까? 비싼 거 먹고, 여기저기 관광 다니며 특별한 무언가를 하는 것이 아니라 내가 우리 동네에서 하는 것처럼 사는 것 말이다. 집이나 직장에서 받았던 스트레스는 우주 구석에다 던져 놓고, 여유 있게 쉬고 즐기는 것이 현지인처럼 사는 것이라고 생각한다.

제주도에서 현지인처럼 살다 보니 아이들과 함께 쉬면서 즐기고 왔다. 여행은 보는 여행도 있지만, 느끼는 여행도 있고 즐기는 여행도 있는 것 같다. 아이들이 조금 커서 다녀온 제주도 여행은 비가 오면 비가 오는 대로, 해가 뜨면 바다에 나가서 놀면서 현지인처럼 즐길 수 있는 여행이었다.

한 달 살기도 좋지만, 짧게 여행 가더라도 현지인이 된 것처럼 여유를 즐기는 것은 어떨까? 앞으로 우리 아이들이 더 크기 전에는 계속 여유를 즐기는 여행을 할 것이다. 아이들이 크면 또 여행의 방향이 바뀌겠지? 아직 아이들이 어려서 어떻게 바뀔지는 잘 모르지만, 그것 또한 그 나름대로 즐길 수 있는 여행일 것이다.

해만 뜨면 나가던 금능해수욕장. 하루 만에 얼굴이 현지인으로 변했다. #제주도 금능해수욕장

현지인처럼 뛰놀며 여유 즐기기. #제주도 금능해수욕장

06.
해외에서 렌터카를 운전해 보다
- 일본 오키나와 북부 여행

사람들이 오키나와를 좋아하는 이유 중의 하나는 렌터카 때문이다. 국제 면허증으로 일본 오키나와에서 차를 렌트할 수 있고, 제주도처럼 도로 위에 차가 적어서 운전하기 편하다. 그런데 단점이 있다. 우리나라와 다르게 운전석이 반대편에 있다는 점이다. 나도 오키나와 여행을 준비하면서 가장 먼저 고민한 것이 렌터카였다. 오키나와는 시내만 도는 유이 레일이 있기에 시내 외곽으로 가려면 버스나 택시를 이용해야 한다. 비용도 비싸지만, 지하철이나 트램을 이용하는 것보다 상당히 불편하다. 물론 극한 육아 여행을 체험해 보고자 하는 마음에 한때는 대중교통으로만 오키나와를 즐겼지만, 북부에 가서 진정한 자연을 보기에는 미흡했다. 그래서 두 번째 오키나와 여행 때는 과감하게 렌터카를 예약하기로 했다.

대부분이 차를 렌트해서 오키나와 북부로 올라가는데, 공항에서 짐 찾고 차를 렌트하는 데는 1시간 정도 소요된다. 공항 안에 렌터카 업체가 없으므로 시간 맞춰서 버스를 타고 이동해야 하고 업체에서 간단하게 교육을 받아야 한다. 신호 체계라든가 한국인이 주의해야 할 부분들을 알려 주는데 자세히 듣기를 추천한다. 우회전, 좌회전하는 것이 우리나라랑 조금 다르다. 예를 들면, 우리나라는 우회전은 아무 때나 할 수 있지만, 일본은 좌회전 —운전석이 반대이니까— 할 때 신호를 받아야 한다.

차를 렌트해서 북부로 가는 시간은 약 2시간에서 2시간 30분 정도 걸리는데, 저녁에 차를 렌트하면 운전하기 무섭다. 해가 지면 가로등 같은 것이 많이 없어서 고속도로도 무섭다. 한국의 고속도로는 가로등과 건물들의 불빛 때문에 해가 져도 운전하는 데 불편함이 없는데 오키나와의 고속도로는 깜깜한 시골 국도를 달리는 기분이다.

일본에서 차 렌트를 처음 해 보니 어떤 차를 렌트해야 할지가 고민이었다. 보통은 28인치 캐리어, 대형 배낭 1개, 중형 배낭 1개, 유모차 2개 정도의 짐을 가지고 가는데 일반적인 승용차에는 유모차 2대가 실리지 않는다. 그래서 우리나라에는 없는 스타일의 차를 렌트했다. RV(Recreational Vehicle)라고 해야 하나? 시엔타(SIENTA)라는 4인승에 트렁크가 넓은 차를 렌트했는데, 역시 일본은 차도 합리적으로 만든다. 트렁크가 너무 여유롭다. 한 번은 아쿠아라는 일본의 대표적인 차를 렌트했는데 28인치 캐리어, 대형 배낭 1개, 중형 배낭 1개, 휴대용 유모차까지 트렁크에 들어가서 깜짝 놀랐다. 일본의 초합리주의에 존경을 표한다.

차를 렌트하면 가장 좋은 것은 내 맘대로 고속도로 휴게소에 갈 수 있다는 것이다. 오키나와는 우리나라처럼 휴게소가 크고 멋지지는 않지만, 바다 풍경을 보며 간식을 먹을 수 있는 곳들이 많다. 일본의 휴게소는 보통 매점 하나, 식당 하나, 기념품 가게가 하나 정도 있는 작은 건물이다.

인건비가 비싸서 그런지 일본은 주문을 자판기에서 많이 한다. 한 번은 휴게소에서 소바를 주문하고 쿠폰을 내려 식당으로 갔는데 주방장이 막 뭐라고 했다. 주문이 안 되었다는 것인지, 일본말로 마구 이야기하니 엄청나게 당황했다. 그래도 결국 음식이 나오기는 해서 소바를 먹다가 "킥." 하고 웃었다. 주방장 옆에 크게 쓰여 있는 글씨를 발견했기 때문이다.

'自動オーダー'

한자로 '자동', 가타카나로 '오다'라고 쓰여 있었다. 자동으로 주문이 된다는 이야기를 주방장이 긴 일본어로 나에게 설명해 준 거다. "오토."라고 한마디 하면 알아들었을 텐데 계속 일본말로 해서서 재미있는 경험을 하게 해 주셨다. 라면집 같은 데서도 자판기를 이용해서 주문하는데, 가끔 하는 주문이기에 항상 낯설다.

렌터카를 이용하면서 아내랑 계획을 세운 것이 하나 있었는데, 오키나와는 놀이터가 좋다고 하니 놀이터 투어를 해 보자는 것이었다. 그래서 북부에 도착해서 다음 날 바로 츄라우미 수족관에 갔다. 처음 버스 투어로 츄라우미 수족관에 갔을 때 커다란 그물 놀이터에서 아이들이 신나게 놀았던 기억이 있었기 때문이다. 아침부터 살짝 비가 왔지만 그냥 가 봤는데 비가 와서 그런지 놀이터가 닫혀 있었다. 안전 문제로 비가 올 때는 열지 않는 것이다. 여행은 항상 계획대로만 되지 않는다. 그래도 떠나기 전에 다시 한번 방문해서 신나게 놀았다. 츄라우미 수족관 실내에 들어가는 것은 표를 사야 하지만, 공원에서 놀고 돌고래 쇼를 보는 것은 무료다.

비가 오니 특별히 할 일이 없어서 마트도 갔다가, 인터넷에서 찾았던 중고 가게도 갔다. 우리나라의 '아름다운 가게' 같은 곳인데 운이 좋으면 독특하고 좋은 것들을 찾을 수가 있다. 중고라도 비싼 건 비싸지만 저렴한 것은 천 원에서 이천 원 정도다. 특히 인형들은 천 원짜리가 많이 있었다. 아내는 천 원, 이천 원짜리 아이들 옷을 열심히 쇼핑하고, 아이들은 천 원짜리 인형에 난리가 났다. 우연히 우리 딸이 좋아하는 시리즈 인형이 있었는데 그 인형만 4개를 샀고, 아내는 딸을 위해 일본 스타일의 여름옷을 몇 벌 샀다. 둘째 아이의 장난감까지 해서 2만 원 정도 내고 왔으니 비 오는 날 만족스러운 쇼핑을 즐긴 것이다.

다음날 비가 그치자 우리는 많은 사람이 추천하는 비세자키 해변으로 향했다. 비세자키는 산책 코스로도 유명한데, 아내한테 산책하자고 했다가 혼났다. 아이들이랑 같이 가는데 힘들어서 안 된다고 말이다. 일반적으로 주차하는 곳 말고 쭉 들어가면 바다가 나오는데 주차료로 500엔을 받는다. 우리는 그 비용이 아까워서 좀 먼 곳에 불법 주차하고 걸어갔는데 그냥 500엔을 내고 주차하는 것을 추천하고 싶다. 수영하고 나왔더니 낑낑대는 아이들을 데리고 멀리 걸어가기가 힘들었다. 간혹 불법 주차 딱지도 붙인다고 한다.

비세자키 해변은 여러 번 갔는데 갈 때마다 항상 예쁘다. 물에 들어가지 않고 빵만 조금 던져 주어도 열대어들이 몰려온다. 괌, 세부, 사이판, 코타키나발루 어느 곳의 바다보다 비세자키의 바다가 제일이다. 잔잔한 우도 앞바다에 열대어가 몰려다니는 모습이다.

비세자키 해변은 물을 좋아하는 우리 딸의 첫 스노클링 데뷔 무대였다. 6살이라서 약간의 우려가 있었지만, 즐기면서 노는 걸 보니 신기했다. 다만, 4월이기도 하고 비가 왔던 날씨이다 보니 물과 바람이 차가워서 오래 못 논 것은 조금 아쉽다. 렌터카를 이용했으니 또 오면 되겠지 했는데 호텔에서 뒹굴뒹굴하고 다른 곳들도 구경하다 보니 결국은 한 번밖에 방문하지 못했다. 여행에 나중이란 단어는 어울리지 않는 것 같다.

가끔 관광지도 가고 호텔 라이프도 즐기다 보면 어느 순간 여행 마지막 날이 다가온다. 여행 마지막 날에는 여유 있게 북부에서 출발해서 공항으로 가다가 갑자기 모스 버거에 가고 싶었다. 일본 여행을 좋아하는 형이 항상 맛있다고 극찬해서 얼마나 맛있는지 공항으로 내려가다 말고 꾸역꾸역 찾아서 가보았다. 먹고 나서 후회했다. 주문을 잘못해서 내 입맛에 안 맞는 햄버거를 먹었는지 모르지만, 개인적으로는 맥도날드가 더 맛있다.

햄버거를 먹다 보니 시간이 빠듯할 것 같아 서둘러 렌터카 반납 장소로 출발했다. 그런데 큰 변수가 생겼다. 5~6㎞를 남겨놓고 차가 막히는 것이었다. 반납하기 전에 주유도 해야 하는데 길이 막히니 속이 타들어 갔다. 분명 여유 있게 북부에서 출발했는데 시내에서 차 막히는 것을 예상하지 못했다. 운전석에 앉아서 혼자서 짜증을 내니 아내와 아이들이 눈치를 본다. 우여곡절 끝에 렌터카 반납 장소에 도착해서 부랴부랴 반납한 후 공항으로 가는 버스를 타고 공항에 도착하니 비행기 출발 50분 전이었다. 내가 짐을 들고 뛰고 아내는 아이들을 들고 끌면서 뛰었다. 서둘러 수속을 마치고 또 뛰어서 출국장으로 가서 출국 절차를 밟고 나섰는데, 결국 비행기는 연착이었다. 공항 한구석에 앉아서 아이들에게 만화 영화를 틀어 주었는데 가족에게 미안한 마음이 스멀스멀 올라왔다. 기왕 이렇게 될 거 아빠답게 차에서 의젓하게 있으면 좋았을 텐데 왜 짜증을 냈나 싶었다. 어쩌겠나. 아내에게 사과하고 쿨하게 남은 돈으로 자판기에서 콜라 한 캔을 사 먹었다. 비행기 연착이 이렇게 반가울 때도 있을 줄이야.

여행하고 나서 블로그 여행기에 이렇게 마지막 글을 남겼다.

> "내가 나이가 들었든, 우리 아이가 어리든 여행은 시간과 돈 그리고 마음의 여유가 필요할 때 떠나는 것이 아니고, 그냥 떠나고 봐야 하는 것 같습니다. 그리고 그 와중에 무엇을 얻을 수 있는지, 아니면 무엇을 버릴 수 있는지 고민하는 것이 여행인 것 같네요. 여행은 참 좋은 인생의 공부 같습니다."

내가 계획한 대로 모든 것이 이루어진다면 그건 신이지, 인간이 아닐 것이다. 계획한 것이 어그러졌다고 좌절하면 사는 게 재미없을 거다. 아이들과 함께 여행하면 무슨 일이 벌어질지 모르고 항상 계획과 다른 일을 하게 된다. 여행은 인생을 공부하는 작은 세상이다. 추억과 즐거움을 함께 주는 작은 세상이기에 오늘도 여행을 계획해 본다.

우리 딸의 첫 번째 스노클링. 맑은 바다가 예술이다. #일본 오키나와 비세자키 해변

가족과 함께하는 여행은 어디든 행복하다.
#일본 오키나와 마하이나 웰리스 리조트 #일본 오키나와 츄라우미 수족관

07.
여유와 실망도 있다
- 미국령 사이판 여행

아내님이 종종 결혼 전 이야기를 할 때 등장했던 곳이 사이판이다. 친구들과 함께 갔는데 바다도 너무 예쁘고 인생 최고의 재미였다고 매번 자랑한다. 사람 마음이라는 게 누군가가 재미있게 놀았다고 하면 가 보고 싶기도 하지만, 아내가 재미있게 놀았다고 하니 괜히 샘이 나서 사이판은 가고 싶지 않았다. 반면에 아내 입장에서는 홍콩이 그런 곳 중의 하나다. 남편이 홀로 다녀온 곳이기에 아이들이 커서 디즈니랜드에 가고 싶다고 하면 그때야 한 번쯤 가 보지 않을까 싶다.

기회가 있을 때 여행을 가자는 생각에 어디를 갈까 고민하다가 저렴한 사이판행 비행기 표를 발견했다. 그다지 가 보고 싶지는 않았지만, 안 가 본 곳이고 저렴하기에 한 번 가 보기로 했다.

사이판에 대해서 아는 건 주변 사람들에게 들은 이야기가 전부였다. 대부분 이렇게 이야기한다.

"사이판은 심심해요."
"사이판은 작아요."
"쇼핑할 곳이 없어요."

다 정답이다. 사이판은 괌의 1/4 크기여서 작고 심심하다. 그렇지만 나는 오히려 그래서 좋다. 개인적으로 복잡한 곳보다 적당히 조용한 곳을 선호하기 때문이다. 누군가가 사이판이 어떠냐고 물어보면 괌이나 오키나와에 한 번 다녀왔으면 한 번쯤은 가 보라고 권해준다. 세 여행지의 매력이 다르기 때문이다.

저렴하게 비행기 표를 예약하고 나니 역시 호텔이 걱정이다. 둘째가 6살만 되었어도 PIC 리조트를 갈 텐데, 돈만 낭비할 것 같다는 느낌이 팍팍 들었다. 액티비티가 많고 음식이 좋은 리조트를 선택하지 않으면, 보통 교통과 편의시설이 좋은 곳으로 숙소를 잡는다. 사이판은 시내나 번화가도 별로 없다. 인터넷에서 검색해 보니 가라판 지역이 그래도 번화가라고 하기에 가라판 지역에 바다를 끼고 있는 호텔을 찾아서 예약했다. 사이판에서 나름 유명한 피에스타 리조트였는데, 나중에 아내가 시내 쪽이라 조금 비쌌다고 하기는 했지만, 나는 나름 도시 남자라 이런 곳을 선호한다.

여행을 가면서 사건, 사고가 없으면 이상한 건가? 여행을 가려고 하니 큰 사건이 생겼다. 갑작스럽게 이직이 결정된 것이다. 이직 면접을 보면서 담당 상무님에게 가족여행이 있으니 입사 날짜를 조정해 달라고 부탁했고, 회사에서는 우선 입사하고 나면 휴가를 보내주겠다고 했다. 마음 놓고 회사에 입사해서 2주 정도 지났는데 갑자기 담당 상무가 나를 불렀다.

"내가 회사를 그만두게 되었어요. 그러니 김 부장도 그렇게 알고 준비하세요."

깜짝 놀랐다. 담당 상무가 그만두니 회사 생활을 지속하는 것도 문제였지만, 가족여행도 문제였다. 취소할까 고민하다가 그냥 여행을 밀어붙였다. 결국, 새로 부임한 상무님에게 찍혀서 회사를 그만두게 되었고 프리랜서의 길로 들어섰다. 여행이 나를 새로운 세계로 이끌어 준 것이다. 덕분에 경제적으로 아직까지는 힘들지만, 끝은 창대할 거다. 믿어 보자. 아니, 믿는다.

여행을 갈 때는 일부러 회사 생각을 안 하려고 한다. 그래야 속이 편해서다. 여행은 여행으로 즐겨야 하지 않겠나? 그렇게 몇 가지 사건, 사고 끝에 사이판으로 여행을 떠났다.

사이판 비행기 표가 저렴했던 이유는 12월 중순에 떠나서 크리스마스 전에 돌아오는 표이기 때문이었다. 간혹 저렴한 비행기 표가 이렇게 나온다. 연휴 시작 전에 나가서 연휴 시작 때 한국으로 돌아오면 싸다.

비행기 표보다 중요한 건 크리스마스 시즌이라는 것이다. '한여름의 크리스마스!' 생각만 해도 낭만적이지 않나? 나는 겨울 스포츠를 좋아해서 겨울에는 항상 눈이 많고 추운 곳으로 여행을 다녔는데, 아이가 생기니 이제는 따뜻한 곳에서 한여름의 크리스마스를 보게 되어 느낌이 색다르다.

크리스마스가 되면 가라판 시내 중심 도로에 줄줄이 크리스마스 트리가 놓인다. 토요일 저녁이 되면 거리가 시끄럽다. 꼬치가 구워지는 연기에 음식을 기다리는 사람들, 시끄러운 음악까지, 크리스마스 시즌이라서 특별히 더 복잡한 듯하다. 아이들은 아직 어리니 한여름의 크리스마스가 신기할까 싶다. 그래서 사진을 많이 찍었다. 나중에 너희가 어릴 때 이런 곳에서 한여름의 크리스마스를 보냈다고 보여 줘야겠다.

공항에서 호텔로 가는 길에 운전기사와 여러 가지 이야기를 했는데, 가라판 시내에 맛집이 많다고 몇 군데를 소개해 주었다. 서로 사투리 영어를 써서 잘 못 알아들었지만 가라판 시내에 맛집이 많다는 기대를 하고 몇 군데 식당을 가 보았다. 결론은 '같은 돈이면 역시 한국이 맛있다'였다.

여행 와서 그런지 아이들의 입맛이 별로여서 평소에 아이들이 잘 먹는 피자와 스파게티를 먹으러 갔다. 맛과 양이 딱 오리지날 미국 스타일의 스파게티와 피자다 보니 아이들이 잘 못 먹는다. 피자에 있는 페퍼로니 소시지는 특유의 후추 맛이라고 할까? 그 맛 때문에 아이들이 못 먹고, 스파게티는 뷔페에서 나오는 스파게티처럼 양만 많고 불어터진 맛이었다. 결국, 피자는 포장해서 나오고 스파게티는 많이 남겼는데 돈은 비싸게 지불했다. 사이판은 미국이기 때문에 음식값이 비싸다.

한 번은 일본 식당에 갔는데 스테이크와 생참치가 유명하다고 해서 먹었다. 남자가 여자에 비해서 분위기에 취하나 보다. 나는 맛있게 먹고 나왔는데 나중에 아내가 맛이 그저 그렇다고 이야기했다. 아무래도 생참치를 먹었다는 기분에 모든 게 맛있다고 생각했나 보다.

몇 군데 식당을 다녀본 결과 결국 호텔 앞에 있던 저렴한 중국 식당이 가장 입맛에 맞았다. 무라 이치방(Mura Ichiban)이라는 식당인데, 이름은 일본식인데 완전 중국풍 식당이다. 우리는 아이들 때문에 볶음밥과 탕수육 비슷한 음식들을 많이 먹었는데, 애들이 배고파하면 내가 혼자 볶음밥을 포장해 와서 호텔에서 먹기도 했다. 가격도 합리적이어서 가는 날까지 자주 이용했다. 다만 음식이 짜기에 밥과 함께 먹는 것을 추천한다.

아내가 사이판에 대해서 자랑할 때마다 자주 이야기했던 것이 마나가하섬이다. 사람마다 호불호가 있지만 나는 마나가하섬이 매우 실망스러웠다. 섬으로 이동하기 위해서는 페리와 스피드 보트를 타는데, 우리는 묵고 있는 호텔인 피에스타 리조트 바닷가에서 스피드 보트를 타기로 했다. 바닷가를 어슬렁거리면 호객꾼 여러 명이 다가오는데, 그중의 한 사람과 협상해서 스피드 보트를 이용해 들어갔다. 그날따라 파도가 거세서 아이들이 엄청 무서워했다. 성인인 나도 이러다 죽겠구나 했는데 아이들은 오죽할까? 무사히 다녀온 것에 지금도 안도한다.

섬에 도착해서 여기저기를 보니 사람이 많다. 사이판에 오는 관광객은 다 마나가하섬에 있는 것 같다. 내가 실망한 것은 두 가지인데 첫 번째는 사람이 너무 많았던 것, 두 번째는 앞바다에서 스노클링을 할 수 있을 거라는 기대를 했는데 물고기를 거의 보지 못했다는 점이다. 위험을 무릅쓰고 조금 나가야 물고기를 볼 수 있었다.

돌아가는 시간을 예약했기 때문에 힘들다고 해도 빨리 돌아갈 수 없었다. 물고기도 안 보이고, 수영하기도 그다지 좋은 환경이 아니기에 아이들이 지루해한다. 어쩌겠나. 예약 시간까지 아이들과 계속 놀고 나서 예약 시간에 스피드 보트를 타고 또 한 번 죽음의 레이스를 하며 호텔로 돌아왔다. 호텔로 돌아오니 아이들은 이때를 기다렸다는 듯이 수영장으로 풍덩이다. 역시 우리 아이들은 나를 닮았나보다. 자연보다 도시적인 수영장이 더 익숙한 것 같다.

며칠을 신나게 놀고 한국으로 돌아갈 때는 항상 아쉽다. 아쉬움을 뒤로하고 사이판 공항으로 갔다. 사이판 공항은 규모가 작다. 작아서 아이들이 지루해하고 힘들어할까 봐 걱정했는데 아들이 유모차에서 잠들어 주어 오랜 기다림이 수월했다.

사이판 여행은 저비용 항공사를 이용했기에 4시간의 비행 동안 물만 얻어먹을 수 있었다. 그래서 저비용 항공사를 이용할 때는 비행기에서 먹을 음식을 미리 바리바리 사서 공항으로 간다. 아빠도 출출한데 비행기를 기다리는 동안 아이들이 다 먹어 버렸다. 써브웨이에서 파는 제일 큰 샌드위치를 아이들 둘이서 거의 흡입하다시피 했다. 아빠도 맛보고 싶었는데, 결국 출출하니 비행기에서 비빔밥을 사 먹었다. 비행기에서 음식을 사 먹는 것은 처음이었지만, 배고프니 맛은 좋았다. 아이들도 사달라고 조르기에 미리 사 온 과자와 초콜릿을 투척했다. 역시 아이들과 여행할 때는 먹을 것을 여유 있게 가지고 다녀야 한다.

사이판 여행은 다른 여행에 비해서 잊지 못할 여행이었다. 회사를 그만두게 된 계기가 되었고, 한여름의 크리스마스를 즐겼고, 유명한 관광지라고 해서 모든 게 다 좋지는 않다는 것을 알았기 때문이다.

여행 후에 사진을 들춰보면서 마음이 따뜻해지고 입가에 웃음이 머무는 것을 보면, 어떤 일이 있었는지에 상관없이 여행은 가슴에 남는 것이 많은 것 같다.

추가로 하나 더 얻은 것이 있다. 우리 아이들이 "땡큐."라는 단어는 몇십 번을 썼더니 확실히 알고 사용하게 된 것이다. 다음 여행에서도 아이들이 언제 어디서나 "땡큐."는 확실히 썼다. 육아 여행이란 이렇게 아이들이 배우고 자라는 모습을 보는 것이 다르다. 그래서 또 여행을 가고 싶다.

남들 다 가는 마나가하섬. #미국령 사이판

한여름의 크리스마스. 축제는 역시 즐겁다. #미국령 사이판

08.
육아 여행을 다시 생각하게 되다
- 일본 벳푸 여행

육아 여행을 하다 보면 여행지와 숙소를 정하는 나름의 기준이 생기는데, 우리 가족의 경우는 아이가 어리다 보니 제1 기준은 수영장의 유무다. 수영장은 아이들에게 최고의 놀이터이자 체력을 고갈시키는 중요 장소다. 어느 날 아는 형과 이야기를 나누다가 갑자기 의견이 맞아서 벳푸행 비행기 표를 함께 예약했다. 예약하고 계속 고민한 것은 벳푸에서 아이들과 뭘 할까였다. 벳푸의 날씨는 한국 날씨로 치면 가을 날씨 정도여서 수영을 하기는 어려웠고, 온천은 유명하지만, 수영장이 있는 호텔을 찾기는 어려웠다. 한 군데 온천 수영장이 있는 유명한 호텔을 찾았지만, 너무 비쌌다. 나는 육아 여행이라서 편하게 여행하는 것을 선호하지만, 부담스러운 비용으로 여행하는 것은 싫어한다.

벳푸로 떠나기 전까지도 괜히 예약했나 하는 후회가 들었다. 가보지 않았기에 아이들과 함께할 수 있는 것이 무엇이 있을까 하는 두려움 때문이었다. 육아 여행을 하다 보면 사람들이 아이들과 많이 간 곳으로 여행을 가게 된다. 정보가 많아서 편하기 때문이다. 벳푸는 주로 어르신들이 온천 여행 패키지로 가는 곳으로 알고 있었기에 과연 아이들과 할 수 있는 것이 얼마나 있을지 걱정되었다. 그런데 가서 보니 그 걱정은 기우였다. 생각보다 아이들과 할 수 있고 즐길 수 있는 것들이 다양했다.

처음 갈 때는 후쿠오카로 들어가서 버스를 타고 벳푸로 이동했는데 최근에 다시 가고 싶어서 알아보니 벳푸로 갈 수 있는 비행기 편이 더 생겼다. 후쿠오카뿐만 아니라 기타규슈와 오이타행 비행기도 생겼다. 후쿠오카에서 벳푸로 가는 편한 방법의 하나가 버스로 이동하는 것인데 2시간이 조금 넘게 걸린다. 아이들이 힘들어할 거라고 예상했는데 막상 가서 보니 예상대로 힘들어했다. 버스를 2시간 넘게 타니 아이들이 살짝 멀미 증세도 보이고, 답답하다고 해도 일어서서 다닐 수도 없으니 달래기도 힘들었다. 버스 안에서 미소를 보이며 아이들을 달랬지만, 마음은 계속 불편했다. 최근에 알아보니 오이타에서는 벳푸까지 버스로 40분 정도라고 한다. 다음에 아이들과 함께 벳푸에 간다면 오이타행 비행기를 이용할 것 같다.

벳푸에서는 수영장은 없지만, 대욕장이 있는 호텔로 예약했다. 온천물이 뜨거워도 아이들이 샤워기 놀이라도 하면서 놀기에 목욕탕만 있어도 즐겁다. 물론, 가족탕은 덤이다. 가족탕 때문이라도 딸이 크기 전에 벳푸를 한 번 더 가고 싶다. 함께 목욕하는 마지막이 아닐까 싶다. 갑자기 슬프다.

여행에서 사건이 없으면 왠지 팥 없는 찐빵 같나 보다. 벳푸에 가기 2주 전에 아들의 등판이 찢어지는 사건이 발생했다. 아들과 장난치다가 넘어졌는데 잘못 넘어져서 등판이 갈라진 것이다. 급한 마음에 수건으로 둘러싸고 응급실로 정말 날아갔다. 응급실에서 등을 꿰매고 나오면서 아빠가 잘못했다는 자괴감과 다양한 울분들이 터졌지만, 어쩌겠나. 여행은 가야지. 그래서 여행 전에 다양한 방수 밴드, 방수 패드 등을 한 보따리 사서 벳푸에 갔다. 아무리 방수 패드를 해도 탕에 한 번 갔다 오면 물이 질질 샜다. 덕분에 우리 아들은 벳푸 온천에서 샤워만 하고 왔다. 어쩌겠나. 상처가 덧나면 더 가슴

아플 테니 즐기는 것을 자제할 수밖에.

　사람들이 많이 가는 온천 관광 코스를 가면 아이들이 지루하고 힘들 거란 생각에 검색하다가 타노우라 비치를 발견했다. 아이들이 배 놀이터라고 부르던 곳이었는데 너무 좋아해서 벳푸에 있는 기간 동안 3번이나 방문했다.

　버스에서 내리면 넓은 공원이 보이고 공원을 조금 지나가면 모래 사장에 해적선 같은 큰 배가 한 척 있다. 아이들은 배를 보자마자 뛰어간다. 배 안에는 숨을 수 있는 곳부터 미끄럼틀, 전망대까지 아이들이 즐거워할 것들이 가득하다. 배 앞에는 인공 비치가 펼쳐져 있다. 여름에는 아이들이 가볍게 물놀이도 한다고 한다. 옆에 있는 다리를 건너 인공 섬으로 건너가서 산책하면 진정 외국에 나와 있는 기분이다.

　아들에게 벳푸 배 놀이터 사진을 보여 주면 "여기 내가 다쳤던 곳이잖아!" 하고 이야기한다. 미끄럼틀을 타다가 발이 살짝 찢어졌는데 내가 둘러업고 관리 사무실에서 소독하고 밴드를 붙였던 사건이 있었다. 몇 년이 지난 지금도 아이가 기억한다. 그래도 이런 기억 덕분에 엄마 껌딱지인 아들이 아빠와 조금씩 친해진 듯하다.

　타노우라 비치에서 벳푸역 쪽으로 버스로 한 정거장 거리에는 우미타마고 수족관과 다카사키야마 자연동물원이 있다. 다카사키야마 자연동물원은 원숭이 자연동물원인데, 평생 볼 원숭이를 그곳에서 다 보았다. 몇백 마리 원숭이들이 돌아다니는 모습이 장관이다. 새끼 원숭이들은 귀엽고 어른 원숭이들은 사납기도 하다. 딸에게 슬금슬금 원숭이 곁에 앉으라고 해서 사진을 한 장 찍었다. 딸은 원숭이가 움찔하자 냉큼 뛰어서 나에게로 온다.

　일본의 수족관을 세 군데 정도 가 봤는데 참 잘 관리한다는 느낌을 받았다. 우미타마고 수족관의 물속 생물들도 관리가 잘 되어 있다. 일본 아쿠아리움의 특징인 돌고래 쇼도 재미나게 보았다. 누구는 돌고래들이 불쌍하다고 이야기하지만, 관객으로서는 신기할 따름이다. 한국에서 하는 돌고래 쇼보다 개체 수와 규모 면에서 일본이 좀 더 멋지다. 돌고래 쇼도 보고 수족관 구경도 하고 밖으로 나오면 아이들이 돌고래를 살짝 만질 수 있는 체험 공간이 있다. 딸은 용기 내어 달려가서 돌고래를 만져보고 아들은 무서워서 내 품에 안긴다. 일본은 무엇을 만들어도 아기자기하게 잘 만들고 아이들의 눈높이에서 만든다. 얄밉지만 우리가 배워야 할 점이 아닐까 싶다.

며칠 후에 같이 벳푸를 예약한 형네 가족이 합류했다. 다른 가족이 합류하니 우리도 휴식보다는 관광 분위기로 변경했다. 벳푸에 오는 관광객들이 가장 많이 간다는 지옥 온천으로 향했다. 버스를 타고 30분 정도 이동하니 주변에서 연기가 나는 곳에 도착한다. 표를 구매하려고 하니 4개의 지옥 온천을 다 볼 수 있는 표와 한 군데만 볼 수 있는 표가 있었다. 아이들을 데리고 네 군데 전부는 못 간다. 그래서 한 군데만 가능한 표를 사서 가장 볼 만하다는 지옥 온천을 구경했다. 신기한 푸른빛에서 연기가 나는 모습과 일본 특유의 정원 모습들이 신기하다. TV에서 벳푸 여행을 다룬 프로그램에서 주로 나오는 관광객들이 가장 많이 먹는다는 온천물에 삶은 옥수수와 달걀도 사 먹었다. 맛있다고 딸이 하나 더 사달라고 조른다. 비싸서 살짝 무시하며 이번에는 아이스크림을 먹었다. 일본의 생우유 소프트아이스크림은 어딜 가도 참 맛있다.

다음날은 그 유명한 아프리칸 사파리에 가기로 했다. 운전하면서 들은 모 항공사 라디오 CM이 항상 귓가에 울려서 나에게는 아프리칸 사파리가 유명한 곳이었다. 검색해 보니 실제로도 유명한 곳이다. 우리나라 에버랜드에도 사파리가 있는데, 아프리칸 사파리와 비교하기 미안해진다.

코끼리가 코로 먹이를 집어 먹는 모습, 독수리가 먹이를 채가는 모습, 맹수들이 먹이를 채가는 모습들을 체험할 수 있다. 우리는 사파리 차를 타고 이동했지만, 개인 자가용으로 이동하는 사람들도 있었는데 먹이는 줄 수 없고 그냥 지나만 갈 수 있다고 한다. 아이들과 함께라면 비싸더라도 역시 체험할 수 있는 체험 버스가 최고인 듯하다.

사파리에 도착해서는 일본어와 영어가 짧아서 이해가 안 되는 경험을 했다. 평일에는 사파리 버스 예약이 인터넷으로 가능한데, 우리가 간 시기가 일본 연휴 기간이라 예약이 안 돼서 무작정 출발했다. 도착해서 표를 구매하려고 서 있는데 우리 앞에 있는 사람들이 사파리 투어 버스표를 구입하지 못하는 것이었다. 우리도 못 구입하나 하고 걱정했는데 우리는 표를 구매할 수 있었다. 신기해서 계속 물어보니 시내버스를 타고 오는 사람들 표를 별도로 빼놓았다고 한다. 내가 제대로 이해한 것인지 잘 모르지만, 어쨌든 우리는 체험할 수 있으니 그것으로 만족이다.

사파리 체험을 하고 나오면 주변이 미니 동물원이라 다양한 동물을 보고 체험할 수가 있다. 우리 딸은 기니피그를 만질 수 있는 곳에서 한 시간 동안 나오지 않았다. 그동안 지겨운 아들은 아빠와 한참을 돌아다녔다. 오랫동안 놀다가 아이들이 피곤해하여 버스를 타고 다시 숙소로 돌아왔다.

역시 피로는 온천으로 풀어야 한다. 한참을 놀다가 온천에서 몸을 풀면 너무 좋다. 역시 벳푸는 이런 맛에 놀러 오는 것 같다. 우리가 머문 호텔에서는 가족탕을 한 시간 예약할 수 있었는데 가족이 함께 욕탕에 들어가는 것도 색다른 경험이었다. 가족탕이기에 물 온도를 조금은 조절할 수 있어서 아이들도 즐길 수 있는 온천욕이다.

다른 가족과 함께 놀러 오면 좋은 점이 하나 있다. 아빠들끼리 저녁에 살짝 산책하러 갈 수 있다는 것이다. 아내도 밖에서 맥주 한잔하고 싶어 했지만, 이 당시만 해도 아들이 엄마 껌딱지라 아빠만 여유가 있었다. 같이 간 형과 둘이서 벳푸 시내에서 소주와 사케를 한잔했다. 벳푸 구석구석에는 귀여운 선술집 분위기의 술집들이 많다. 물론 우리나라에서처럼 호객 행위도 많았지만, 우리는 일본말을 몰라 따라갈 수가 없었다. 술집에 들어가서 간단한 일본어와 번역 애플리케이션을 통해서 메뉴를 주문하고 술을 한잔했다. 일본에서는 역시 사케하고 고구마 소주를 한 잔 마셔 줘야 한다. 물론 생맥주도 너무 좋다. 우리 가족끼리 육아 여행을 가면 술은 맥주 1~2캔이 전부인데 다른 가족과 함께 여행을 가니 호사를 부린다. 아이들이 아빠에게 놀아달라고 하지 않고, 엄마들도 서로 수다를 떨 수 있어 아빠들끼리 한잔할 수 있는 시간이 생겨 너무 좋았다. 여행하면서 가끔은 이런 재미도 느껴야 하지 않을까?

벳푸는 추울 때 어르신들이 가는 여행지로 알고 있었는데 아이들과 함께 가 보니 육아 여행으로도 매력적인 도시다. 바다도 볼 수 있고, 온천도 이용할 수 있으며 아이들 친화적인 놀이터도 있다. 모든 것을 여유롭게 할 수 있다. 한국처럼 사람이 바글거려서 짜증 나지도 않는다. 날씨가 추워지면 항상 벳푸가 생각나지만, 육아 여행이니 한겨울에는 가기가 어렵다. 몇 년 지나서 가는 벳푸는 아이들이 어떻게 느낄까? 다시 한번 가서 아이들이 어떻게 느끼는지 보고 싶다. '지금도 아빠랑 함께 가족탕에 들어가려고 할까?' 하는 생각도 해 본다. 여행은 갈 때마다 다른 느낌을 받는다. 그래서 같은 곳이라도 계속해서 여행하는 것 같다. 여행은 인생을 느끼게 하고 사람이 생각할 수 있도록 해 준다.

타노우라 비치 배 놀이터. 아이들이 너무 재미나게 놀았다. #일본 벳푸

여전히 유모차에서 땡깡을 피우는 아들과 두려움을 무릅쓰고 원숭이와 사진 찍는 딸.
#일본 벳푸 지옥 온천 #일본 벳푸 다카사키야마 자연동물원

Part. 5

우리 아이 6살
- 세상을 준비하다

나는 겁쟁이입니다.

겁쟁이어서 준비를 많이 합니다.

준비하니 세상이 무섭지 않습니다.

아이들이 세상에 뛰어들기 전에 아이들에게 준비를 시켰습니다.

더 많이 놀게 해 주고 더 많은 곳을 여행했습니다.

사실, 아이들이 세상에 뛰어들면 아빠와 함께 못 놀 것 같아서 함께 논 것 같기도 합니다.

그래서 지금은 아빠가 더 행복합니다.

01.
아이와 함께 아빠도
세상을 준비한다

멀리서 보면 나는 좋은 아빠일지도 모른다. 그러나 가까이서 보면 나는 쇼윈도 아빠였다. 남들이 주변에 있으면 좋은 모습만 보여 주지만, 집에 가면 아이들에게 소리치고 짜증 내는 불량 아빠였다. 불량 아빠였으니 당연히 아이들이 아빠를 싫어했을 거다. 아들은 불량 아빠를 피해 다녔지만, 불량 아빠라도 좋아해 주는 딸이 있어서 그래도 다행이란 생각도 했다.

둘째가 태어나고 나서 1년간은 인생의 황금기였다. 아내가 출산 휴가와 육아 휴직을 한 것이다. 아이들이 태어나고 나서 처음으로 마음 편히 회사에서 일을 한 시기였다. 야근도 마음대로, 저녁 식사도 편하게 했다. '家和萬事成(가화만사성)'이라고, 집안이 편해야 모든 게 편하다는 말을 처음 느껴 보았다. 첫 1년간은 아들을 보면서도, 딸을 보면서도 꿀이 뚝뚝 떨어졌다.

그러다 아내가 복직하게 되면서 두 아이를 키우는 전쟁 같은 맞벌이 육아가 시작되었다. 그때부터였을 거다. 우리 아들에게 아빠가 공포의 대상이 된 것은. 지금도 이야기한다. 두 아이를 키우면서 맞벌이를 하는 것은 힘든 일이라고. 하물며 세 아이를 키우면서 맞벌이하는 부모는 정말 존경스럽다고.

아침에 아내가 일찍 출근하는 날은 내가 아이들을 어린이집에 데려다준다. 그날은 아침부터 전쟁이다. 음식을 준비하거나 아이들을 챙기는 것이 전쟁이 아니라 아들의 울음 때문에 전쟁이었다.

아들은 일어나자마자 엄마를 찾고 엄마가 없으면 2시간 가까이 울어댔다. 그럴 때면 여러 가지 생각이 마구 겹친다. 처음에는 안타까운 마음이 들어서 아이를 달랜다. 달래다 말을 안 들으면 협박을 한다. 협박이 실패하면 갑자기 짜증이 나면서 아이에게 신경질을 낸다. 한 번은 너무 울어서 현관 밖으로 내보낸 적도 있었다.

지금도 아이가 2시간씩 울면, 짜증 내지 않으면서 달래지는 못할 것 같다. 하물며 그 당시는 더더욱 육아에 대한 철학이 부족했기에 아들을 달래기보다는 울지 말라고 협박을 했다.

이런 맞벌이 생활을 몇 년 동안 하다 보니 아들이 점점 아빠를 싫어하게 되었다. 그리고 더욱더 엄마 껌딱지가 되어 갔다. 그 모습을 보면서 깊은 생각에 잠겼다.

'내가 무엇을 위해서 아이를 키우고 있는 건가?'
'아들에게 웃음을 받지는 못할망정 저주 서린 울음을 받아야 하는가?'
'돈을 버는 이유가 뭔가?'
'내가 원하는 가족은 어떤 모습인가?'

생각이 깊어지면서 가족에 대한 철학적인 질문으로 넘어갔지만, 돌이켜보면 내가 열심히 일해서 가족을 돌보는데, 아들이 아빠를 미워하는 것이 싫었던 것이다.

육아, 철학, 가족에 관련된 이야기를 1년 정도 아내와 함께 나누다가, 결국 내가 육아 휴직을 하기로 결정했다. 이유는 명확했다. 아이가 나를 싫어하니 '내 아이, 내가 키워 보자'였다.

아빠가 육아 휴직한다는 것은 쉽지 않은데, 익숙하지 않은 육아를 하는 것은 더 힘들다. 그중에서도 가장 힘든 것은 우울증이다. 회사에서 일만 하던 사람이 집에 들어오면 어느 순간 우울증이 올라온다. 초 긍정적인 성격을 가지고 있는 사람은 다를 수도 있지만, 나는 육아 4년 차인 지금도 수시로 우울증이 왔다 갔다 한다.

두 번째는 경제적인 부분이다. 맞벌이하다가 한 명의 급여가 사라지니 잠시 힘이 든다. 정부에서 육아 휴직 급여가 나오기는 하지만, 25%는 후 지급이기에 매달 75만 원 정도의 금액만 들어온다. 그래도 그거라도 들어오면 삶이 조금 나아지기는 한다.

세 번째로 힘든 것은 부부간의 관계였다. 전적으로 살림을 하는 초보 주부의 역할을 시작하기에 기존에 주부를 하던 아내보다 일을 잘하지 못한다. 부부 서로 간에 이 부분이 이해되지 않으면 싸움이 될 수 있다. 우리 부부도 초반 3개월 정도는 서로 이슈가 많았다.

네 번째는 회사와의 관계다. 좋은 회사들은 육아 휴직 이후 자리에 대한 보장이 있을 수 있지만, 대부분의 중소기업은 1년씩 자리를 비워둘 수 없다. 결국, 나도 회사를 퇴직했다. 복직은 보장해 주었지만, 업무에 대한 보장이 없었기 때문이다.

사회나 주변의 시선은 가족과 육아에 대한 철학이 생기면 큰 문제는 아니다. 그보다는 집에 있으면서 생기는 문제들이 더 힘들다. 아니, 힘들다고 이야기하기는 하지만, 그 힘듦에도 불구하고 육아 휴직하고 퇴사해서 아이를 돌보는 지금의 나는 행복이란 말을 많이 쓰고 있다.

아침에 아이들이 부스스한 모습으로 일어나서 내 품으로 파고들면 너무 기분이 좋다. 아이들이 깨끗이 밥을 먹고 씩 웃으면 그 귀여움에 미소를 짓는다. 아이 둘이서 사이좋게 놀이를 하면 이 맛에 육아한다는 생각이 든다. 아이가 새로운 것을 알게 되면 뿌듯하면서도 너무 빨리 크는 것 같아서 서운하기도 하다.

인생을 살면서 지금만 알 수 있고 느낄 수 있는 이 행복을 온전히 느낄 수 있다는 것이 나에게는 너무 큰 행운이다. 지금이 아니었으면 평생 알지 못했을 행복이기 때문이다.

만약에 과거로 돌아간다면, 나는 똑같이 육아 휴직과 프리랜서를 선택할 것 같다. 지금 내가 느끼고 있는 이 행복을 결코 포기하고 싶지 않다.

정신분석학의 창시자인 지그문트 프로이트(Sigmund Freud)는 이런 말을 했다. "가족들에게 더할 나위 없는 귀염둥이였던 사람은 성공자의 기분을 일생동안 가지고 살며 그 성공에 대한 자신감은 그를 자주 성공으로 이끈다."

아빠도 가족들의 귀염둥이가 되고 싶다. 어릴 때 되어 보지 못한 귀염둥이를 지금이라도 성공해 보고 싶다. 그래서 아이들을 돌보면서 세상을 함께 준비하는 듯하다. 아이들과 같이하고, 함께 여행하면서 아빠도 소중한 사람이 되어 가고, 아이들도 자신들이 소중한 가족이라는 것을 알게 된다. 그것만으로도 세상에 나아갈 준비가 되는 것이다.

아이들 덕분에 아빠도 새로운 세상에 들어왔고 더 멋지게 살아보기 위해 준비하고, 움직이기를 반복한다. 육아 휴직 동안에 여행을 많이 했고, 전업주부를 하면서 더 많은 여행을 했다. 여행의 경험들이 아빠가 세상을 준비하는 것을 도와주고 있다. 어리다고 생각했던 아이들도 여행을 통해서 자라나고 있으니 아이와 함께 아빠도 세상을 준비하는 것이다.

세상은 뛰어들 준비를 하고 뛰어들면 두려운 곳이 아니라 흥미진진한 곳이다. 이제 우리 아이들은 이 흥미진진한 세계를 두려움이 아니라 흥분으로 시작할 것이다. 그리고 아이들 덕분에 아빠도 세상이 흥미진진한 곳이라는 것을 알아 간다. 오랫동안 아이들과 함께 흥분으로 세상을 여행하리라 다짐해 본다.

02.
말레이시아 한 달 살기 준비
– 목적지는 사소한 정보로 결정된다

육아 휴직을 하면서 내 목표는 아내 없이 아이들과 장기간 여행을 가는 것이었다. 열정도 넘쳤고 가능하리라는 생각도 했다. 그러나 육아 휴직을 하고 나서 보니 이상과 현실의 차이에서 타협을 하게 되었다.

딸이 6살, 아들이 4살일 때 육아 휴직을 시작했는데 4살 아이를 제어할 자신이 없어서 여행을 떠나지 못했다. 1년이 지나고 나서 아이들이 7살, 5살이 되었을 때, 드디어 내가 혼자 아이들을 데리고 제주도 정도는 갈 수 있겠구나 하는 자신감이 생겼다.

아이들과 어디를 갈까 고민하는데 아내가 폭탄선언을 했다.

"나 육아 휴직하려고. 내년에 1학년 되면 엄마의 손길이 필요하대."

이미 마음속으로는 그럴 수 있을 거라고 알고 있었지만, 아내가 직접 이야기하니 조금은 당황스럽고 기뻤다. 당황은 금전적인 문제가 당황스러웠고, 기쁜 건 함께 육아할 수 있어서였다.

아내가 육아 휴직을 하겠다고 결심하자 우리는 역시 여행을 준비했다. 학교 다니면 여행 가기가 어렵다고 하니 학교 입학 전에 가 보자고 결정한 것이다.

"학교 다니면 여행 가기 힘들어요."

이런 사소하지만 작은 정보 때문에 장기 여행을 준비한 것이다. 물론 부모가 여행을 가고 싶어서 준비한 것일 수도 있다.

아내는 발리를 가고 싶어 했다. 대자연을 느끼며 저렴한 물가에서 휴양하고 싶단다. 그래서 그냥 발리로 결정했다. 아는 정보 없이 아내가 가지고 있던 사소한 발리에 대한 환상으로 예약을 시작했다. 우리는 예약을 6개월 정도 전에 하면서, 아내 육아 휴직 시작 시점에 맞춰 예약해 두었다.

"발리가 조용하고 저렴해요."

아내가 발리를 가고 싶은 이유는 남들이 이야기하는 이런 사소한 정보 때문이었다. 어쩌면 〈발리에서 생긴 일〉이라는 드라마 때문에 환상을 가지고 있었을지도 모른다.

어느 날 장모님에게서 전화가 왔다.

"사위, 뉴스 봤어?"
"네? 무슨 뉴스요?"
"발리에서 화산 터지고 있다던데."
"네? 한번 알아볼게요."

아무 생각 없이 뉴스를 검색해 보니 정말 발리의 아궁산 화산이 폭발하려고 한다는 기사가 도배되어 있었다. 헉, 그날 밤에 아내랑 진지하게 이야기하고 목적지를 바꾸기로 했다.

"말레이시아는 은퇴 후 이민 가기에 좋은 곳이다."

어디선가 들었던 은퇴 후 이민 가기에 좋은 곳이라는 이야기에 목적지를 말레이시아의 조호르바루로 변경했다.

다음날 바로 항공사에 연락해서 비행기를 싱가포르행으로 바꾸고, 숙소는 다 취소했다. 지금은 진에어 직항편이 있지만, 그 당시에는 조호르바루 직항이 없어서 싱가포르에 입국해서 택시를 타고 2시간 정도 들어가는 것이 조호르바루 관광의 정석이었다.

다시 숙소도 알아보기 시작했다. 인터넷을 보니 치안이 괜찮다고 하는데 아이들을 데리고 조금이라도 위험한 곳을 갈 수는 없으므로 좀 더 안전한 곳을 찾아서 검색했다.

조호르바루로 결정한 이유 중의 하나는 한국인들이 조호르바루에 투자를 많이 한다고 해서였다. '사람들이 많이 투자하는 동네는 어떤가?', '정말 은퇴 후 이민 가기에 좋은 동네인가?' 하는 궁금증 때문에 여행지를 결정했다. 사소하지만 중요한 이유다. 혹시 아는가? 우리도 이민을 하게 될지.

급하게 예약했지만, 운이 좋게 한 달 살 아파트도 렌트하고, 아이가 초등학교에 입학하기 전에 한 달간 잘 살다가 들어왔다. 7살은 괜찮았는데 5살 아이랑 한 달 살기가 조금 힘이 들기는 했다. 그래도 한 집에서 한 달 정도 있다 보니 아이들은 아프지도 않고 잘 놀다가 들어왔다. 이상하게 비염으로 괴로워하던 아이가 외국에 가면 멀쩡해진다.

조호르바루에서 한 달 살기를 마칠 무렵 우리는 다시 한 달 살기 하기는 어렵다고 결정을 내렸다. 비용도 많이 들고, 첫째도 입학하고, 우리도 한 달 동안 살아 보니 여행이랑 달라서 재미도 덜했기 때문이다. 사실 안 된다는 이유를 만들면 천만 가지는 만들 수 있다. 그 당시는 한 달의 끄트머리라 피곤해서 다음에는 장기 여행은 안 가야지 하고 마음을 먹었던 것 같다.

한 달 살기 하면서 우리 가족은 말레이시아의 조호르바루에만 있었지, 말레이시아의 다른 곳은 가 본 적이 없다. 원래 말레이시아의 유명한 곳은 코타키나발루, 쿠알라룸푸르, 랑카위 같은 곳인데 그냥 이름만 들어봤다.

한국에 돌아와서 아무 생각 없이 그냥 랑카위행 비행기 표를 알아보았다. 가 보지 않은 곳이니 비행기 표나 알아보자는 심정이었다. 그런데 여름 방학 성수기인데 비행기 표가 저렴했다. 쿠알라룸푸르, 랑카위, 페낭을 경유하는 비행기 표를 알아보니 더 저렴한 것이다.

'어떻게 경유를 하고 스탑오버를 하는데 비행기 표가 더 저렴하지?'

이 정보를 아내에게 알려 주고 이틀 정도 우리 부부는 비행기 표에 관해서 이야기했다. 그리고 아내가 복직하기 전에 한 번 더 한 달 살기 여행을 저지르기로 결정했다. 그 주에 바로 비행기 표를 예약했다. 비행기 표가 저렴하다는 정보 덕분에 여행이 결정된 것이다. 역시 여행은 사소하더라도 정보가 있어야 가게 된다.

대부분의 사람은 여행, 특히 해외여행이라는 말을 들으면 설레고 뭔가 거창한 계획을 잡아야 할 것 같다는 생각을 하게 된다. 그런데 과거 우리 가족의 여행을 생각해 보면 여행의 시작은 큰 계획이 없었던 것 같다.

① 어딘가에 가고 싶다는 생각을 하거나, 어딘가가 좋다는 정보를 들으면 여행을 생각한다.
② 가끔 여행지에 대해서 알아본다.
③ 여행지를 알아보다가 좋은 정보(저렴한 비행기, 좋은 여행지, 여행하기 좋은 날짜)가 있으면 아내와 이야기한다.
④ 보통은 이렇게 이야기하다가 바로 비행기 표를 예매한다.
⑤ 비행기 표를 예매하고 나서 호텔 및 일정 등에 대해 준비한다.

우리 가족은 남편의 전업 결정, 아내의 육아 휴직, 아이의 초등학교 입학, 발리의 화산 폭발, 말레이시아 이민, 저렴한 비행기 표 등의 여러 작은 기회와 정보들이 모여서 어느 순간 여행을 준비하고 다녀왔다.

사소한 기회와 정보들을 버리지 않고 모아서 실천하니 여행이 된 것이다. 우리는 많은 것에 대해서 생각만 하지, 실천을 하지는 않는다. 여행도 그중 하나일 것이다. 특히 아이들과 함께하는 여행은 극기 훈련이 될 것 같아서 쉽게 실행하지 못한다. 해 보지도 않고 두려워하는 것이다.

인생의 추억을 위해서 지금 내 주변의 사소한 정보들을 모아보는 것은 어떨까? 아이와 함께할 기회를 만들면, 만든 사람은 힘들어도 가족에게는 행복한 추억이 될 것이다. 그리고 분명히 나중에 돌아보면 뿌듯함에 가슴이 충만해질 것이다.

항상 마음을 시원하게 해 주었던 한인 민박에서의 풍경이다. #말레이시아 조호르바루

다시 보기는 어려우리라 생각하는 일몰. #말레이시아 랑카위 요트클럽 호텔

03.
한 달 살기를 위한
저렴한 비행기 표 구입기

　나는 개인적으로 비행기 표를 구매하고 호텔을 예약하는 그 과정이 재미있다. 여행을 즐기는 사람은 여행을 준비할 때 재미있고, 여행을 가는 동안에 즐겁고, 여행지에 가서는 즐긴다고 한다. 아직 나는 여행 준비할 때가 가장 재미있다. 진정한 여행자가 되기에는 시간이 더 필요한가 보다.

　한 달 살기를 목표로 잡으면 1~2달 전에 계획을 잡지 않는다. 우리 같은 경우에는 출발 10개월 전부터 막연한 계획을 세우고 6개월 전에 예약했는데, 발리에서 화산이 터지면서 출발 3개월 전에 비행기 표를 새로 알아보게 되었다.

　보통 비행기 표를 알아보는 시작은 손품이다. 만 원짜리 물건 하나 사는 데도 여러 군데 쇼핑몰을 비교 검색하는데, 4명이면 기본적으로 100만 원이 넘는 게 비행기 표이니 만 원짜리보다 더 많은 검색과 비교를 한다.
　말레이시아 한 달 살기 비행기 표를 알아볼 때 아래와 같은 사이트에서 검색했다.

　① 스카이스캐너 또는 카약 검색

② 항공사 공식 홈페이지
③ 티몬, 쿠팡, 지마켓, 인터파크 투어 등 쇼핑몰
④ 네이버나 기타 항공권 검색 사이트
⑤ 땡처리 항공권과 특가 항공권

카약은 한때 '카약 신공'이라고 해서 다구간 항공권을 예매하는 최고의 사이트였다. 한 달 살기 여행을 알아보면서 발견한 최고의 여행 구간을 카약에서 검색한 적이 있다. 결제 버튼까지 누르려다가 취소했는데, 4살 아이와 함께 갈 여행 코스는 아니었기 때문이다.

당시에는 2016년 7월 3일부터 2016년 8월 10일까지의 여행을 기준으로 검색했는데, 그 구간을 보면 다음과 같다.

출발일	출발 공항	도착 공항	경유
7/3	인천	뉴질랜드 오클랜드	직항
7/17	뉴질랜드 오클랜드	칠레 산티아고	직항
8/3	칠레 산티아고	미국 LA	1회 경유
8/10	미국 LA	인천	직항

한 달 넘게 여러 곳을 여행하는 데 드는 1인당 비행기 비용이 1,033달러다. 약 120만 원으로 반(半) 세계 여행을 할 수 있는 것이다. 아쉽지만 여행 경로만 알아 놓고 아이들이 좀 더 크면 가리라고 생각해 보면서 마음을 접었다.

다시 말레이시아 항공권 이야기를 해 보면, 처음 한 달을 지낸 곳은 말레이시아의 조호르바루란 곳이었고, 두 번째의 한 달은 말레이시아의 페낭, 랑카위, 쿠알라룸푸르를 여행하면서 즐겼다.

말레이시아 조호르바루는 한국에서 직항편이 가끔 생긴다. 우리가 여행할 때는 직항이 없었기에 싱가포르로 들어가서 택시를 타고 조호르바루로 넘어갔다. 택시비가 약 5만 원 정도에 시간은 2시간 정도 소요된다.

싱가포르 항공권은 비싸다. 물론 급하게 알아봐서 비싼 것도 있겠지만, 기본적으로 싱가포르로 가는 항공편은 저렴하지가 않다. 지금도 30만 원 선만 되면 한 번 더 가 보고 싶은데 특가로 나와도 40만 원대가 넘는다.

첫 번째 한 달 살기를 마칠 무렵에는 아쉬워서, 학교에 들어가는 딸아이 방학에 맞춰서 비행기 표를 슬슬 알아보았다.

'한 달 여행은 어려울 것 같고, 짧게 일본에 가 볼까?', '화산 때문에 못 가본 발리에 가 볼까?' 하면서 알아보다가 별생각 없이 말레이시아에서 유명한 관광지인 페낭, 랑카위 등을 검색했다. 쿠알라룸푸르 왕복보다는 쿠알라룸푸르에서 경유해서 가는 랑카위나 페낭 비행기가 약 10만 원 정도 저렴했다. '어라, 이거 뭐지?' 하는 생각을 하며 여러 경로의 경유를 찍어 보았다. 그러다 보니 '서울→쿠알라룸푸르(경유)→페낭, 랑카위→쿠알라룸푸르(스탑오버)→인천 비행기편'이 제일 저렴하다는 것을 알게 되었다.

아내와 비행기 표에 대해서 며칠 동안 이야기하다가 그 주에 바로 비행기 표를 예매했다. 시간과 기회가 될 때 여행 가자는 이야기로 아내와 의기투합한 것이다.

말레이시아 한 달 여행을 떠나기 두 달쯤 전에 아무 생각 없이 스카이스캐너로 항공권을 검색했는데, 우리가 가려는 항공편이 1인당 13만 원이 저렴한 것이었다. 4명이면 52만 원이니 깜짝 놀랐다. 여기저기 기사를 찾아보니까 그 당시 말레이시아항공에서 잠깐 특가 정책이 나온 것이었다. 변경을 알아보니, 취소하고 변경해야 해서 취소 수수료로 36만 원이 나왔다. 억울해도 어쩌겠는가. 16만 원이라도 아끼려면 냉큼 취소하고 재예약해야지. 그래서 다시 예약했다. 역시 특가 항공권은 타이밍이다.

중간에 페낭에서 랑카위는 에어아시아항공을 이용해서 이동했다. 배를 타려고 했으나 배는 2~3시간 정도 걸리는 데 비해 비행기는 50분이면 되고 비용도 크게 비싸지 않아서 급히 예약해서 이동했다. 말레이시아는 에어아시아가 고속버스 같다.

첫 번째 한 달 살기를 할 때 4인 가족의 비행기, 택시 등 교통 비용은 200만 원이 조금 안 들었고, 두 번째 한 달 살기 이동 비용은 200만 원 선이었다. 물론 에어아시아를 전부 이용했다면 50~60만 원은 더 절약했겠지만, 아이들이 어려서 비싼 비행기를 이용했다. 몇 년 지나면 아이들과 배낭만 둘러메고 에어아시아나 특가 항공권으로 여행할 수 있으리라는 꿈을 꿔 본다.

우리 가족은 육아 여행을 전문으로 하므로 새벽 시간대와 야간 시간대의 비행기는 무조건 선택하지 않는다. 물론 말도 안 되게 저렴한 비행기라면 감수할 수 있다. 비행기 표 비용을 아껴서 좋은 호텔에서 묵으면 되니까 말이다. 하지만 특가 항공권 잡기는 너무 어렵다.

육아 여행이어서 비행기를 결정하는 기준은 무조건 낮 비행기다. 몇 번 정도 저렴한 비행기를 타기 위해서 새벽 비행기나 밤 비행기를 타 봤지만, 아이들이 너무 피곤해하고 나도 피곤했기에 지인들에게는 조금 비싸더라도 낮 비행기를 이용하라고 추천한다.

사람은 저렴한 것에 엄청나게 혹한다. 나도 생각날 때마다 땡처리 항공권을 검색해 보기는 하지만, 한 번도 구매해 본 적이 없다. 일정이 내가 원하는 시간과 비슷한 적이 없었고 워낙 저비용 항공사들이 많다 보니 땡처리와 크게 차이도 나지 않는다.

종종 인터넷 기사를 보면 저비용 항공사들의 특가 판매 기사가 뜬다. 여러 번 시도를 해 보았는데 다 실패했다. 잠깐 고민하는 5초 사이에 표가 팔려서 결제를 못 한 경우도 있다. 그래서 이제는 시도 조차 안 한다. 특가 항공권은 구매하고 짐을 부치려면 추가 비용을 내야 하는 경우가 대부분이라 아이가 없는 연인들에게 알맞은 항공권이다.

나중에 아이들이 커서 자기 배낭은 자기가 메고 다니게 되면 그때쯤 다시 한번 도전해 봐야겠다. 짐을 수화물로 부치지 않고 기내에 들고 타면 특가 항공권은 최고의 가격이기 때문이다.

저렴한 비행기 표가 좋기는 하지만, 근본적인 것을 잊지 않고 구매했으면 좋겠다. 바로 누구와 여행을 가냐는 것이다. 1~6세의 아이와 여행을 가는지, 6~8세의 아이와 여행을 가는지, 8세 이상의 아이와 여행을 가는지에 따라서 비행기 표 시간이나 기준들이 달라야 한다.

더운 날에 아스팔트 도로를 아이랑 함께 걸으면 아이는 어른보다 더 덥고 힘들어한다. 왜냐하면, 아이는 키가 작으므로 아스팔트의 열기를 어른보다 빨리, 많이 받기 때문이다. 여행도 마찬가지다. 어른은 힘들지 않지만 아이는 힘들 수도 있고, 어른은 재미있지만 아이는 재미없을 수도 있다. 아이와 함께하는 여행은 아이의 눈높이에서 여행을 준비해야 서로가 즐겁다.

『연금술사』라는 책을 쓴 파울루 코엘류(Paulo Coelho)는 이런 말을 했다. "여행은 언제나 돈의 문제가 아니고 용기의 문제다."

여행은 비행기 표 구매에서부터 시작되는 것 같다. 저렴한 항공권을 알아보는 것도 중요하지만, 여행을 가겠다고 마음먹고 비행기 표를 구매하는 용기가 더 중요하다. 알아보지만 말고 비행기 표를 구매하는 것 자체가 여행하고자 하는 용기의 시작이 아닐까?

대표적인 저비용 항공사인 에어아시아를 타러 가는 길이다. 우리 아이들은 버스 비행기라고 부른다.
#말레이시아 페낭

공항에서 잘 놀다가도 대기 시간이 길어져서 지쳐 보이는 아이들. #말레이시아 페낭&랑카위

04.
호텔? 게스트하우스?
에어비앤비? 한 달 살기 숙소는?

여행하면서 숙소를 결정하는 기준은 사람마다 다르겠지만, 공통적인 것은 깨끗하고 교통이 편한 숙소일 것이다. 보통은 가 보지 못한 곳이기 때문에 지도로 위치를 확인한 후, 침대나 부대 시설 등 원하는 것을 알아본다. 마지막으로 후기가 나쁘지 않으면 결정하는데, 후기가 영어라고 해서 두려워할 필요는 없다. 요새는 완벽하지는 않지만 자동 번역이 되기 때문이다.

말레이시아 한 달 살기를 준비하면서 알아보니 숙소도 다양하고 비용도 다양했다. 호텔은 3만 원에서 20만 원까지 있고, 에어비앤비가 상당히 활성화되어 있었다. 물론 게스트하우스나 한인 민박도 꽤 있다.

여행하면서 여러 경험을 해 보았지만, 장기 숙소를 마련하는 것은 처음이기에 생각이 많아졌다. 우선 에어비앤비를 알아보기 시작했다. 우리 가족의 여행 스타일은 한 곳에 진득하게 있는 것을 좋아하기에 장기 에어비앤비가 딱 맞아 보였다. 장기 숙박은 며칠 머물다가 마음에 안 든다고 옮길 수 없기에 알아볼수록 불안감이 커지고 검색할수록 늪 속으로 빠지는 기분이었다. 정보가 많아지면서 점점 더 결정하기 어려운 오류에 빠지고 만 것이다.

한참을 검색하다가 어느 한인이 운영하는 민박을 발견했다. 내가 보기에는 게스트하우스나 에어비앤비인데 나이가 좀 있으신 분들인지 민박이라고 부르셨다. 에어비앤비 한 달 비용이 약 140~150만 원대인 데 비해 한인 민박의 한 달 비용은 180~200만 원 정도였다.

고민하다가 카톡으로 여러 가지를 물어보았다. 카톡으로 물어보면서 가장 많이 신경 쓴 부분은 답변이 성실한가였다. 180만 원이면 우리 가족의 한 달 생활비인데 믿음이 안 가는 사람들에게 냉큼 넘길 수 없었기 때문이다. 에어비앤비는 카드 결제가 가능하지만 이런 민박은 계좌 이체를 해야 하고 출발 전날까지 비용을 완납해야 한다.

고민에 고민을 거쳐서 첫 한 달 살이는 한인 민박으로 결정했다. 한 번도 가 보지 못한 곳이기에 외국인보다는 한국인을 더 믿어보기로 했다. 해외에 나가면 한국인이 더 사기를 많이 친다고 하는데 내 운에 맡겨 보기로 했다.

결론적으로 결정은 탁월했다. 에어비앤비보다 약간은 비싼 금액이었지만 편의 시설이 월등했다. 한국인이다 보니 전기밥솥이 구비되어 있었고, 편의 시설로 정수기가 있는데 한 달 동안 물을 사서 나르지 않은 것만 해도 편했다. 세탁기와 빨래 건조기 등은 기본이었다.

다른 곳에 숙박할 일이 있어서 에어비앤비를 알아봤는데 전기밥솥, 정수기, 건조기 3가지를 다 보유한 곳은 없었다. 전기밥솥이야 당연히 한국인이면 밥을 해 먹어야 하니까 필요하고, 정수기가 없으면 생수를 계속해서 사다 날라야 한다. 두 번째 한 달 살기를 할 때는 정수기 같은 것이 없어서 500㎖ 생수를 한 상자씩 사다가 먹었다. 또한, 아무리 날씨가 더워도 4인 가족이기에 빨래가 꽤 나온다. 물론 반팔들이라서 빨래에 대한 부담은 적지만 그래도 건조기가 있으면 너무 편하다.

모든 숙소가 100% 만족스럽지는 않다. 한 달 살기 숙소를 알아보면서 중요하게 생각한 것은 주변의 편의성과 교통이었다. 생활해 보니 편의성과 교통이 좋으면 주변이 시끄럽다. 특히 동남아는 우리나라처럼 이중 창문이 아니기에 소음이 장난 아니다.

우리가 한 달을 머문 한인 민박 아파트는 대형 마트가 도보로 5분, 식당가도 도보로 5분, 버스 정류장도 도보로 5분으로 편의성이 정말 좋았지만, 밤마다 울려대는 오토바이 소리에 잠을 깊게 못 자는 날이 많았다. 모든 숙소가 완벽할 수는 없다. 우리야 몇 년 살 곳이 아니라 한 달만 살 곳이기에 즐겁게 지내다 왔지만, 몇 년을 살 곳이라면 절대로 선택하고 싶지 않은 아파트였다.

두 번째 한 달 살기 할 때는 아내가 한 군데에 있기보다는 몇 군데를 이동하기를 바랐다. 4~5일에 한 번씩 이동하기를 바라는 아내를 설득해서 네 군데 숙소에 머무는 것으로 합의했다.

아내는 처음 한 달 살기를 할 때 호텔이 아니다 보니 매일 하는 빨래, 청소, 음식 준비가 싫었다고 한다. 집안일을 한국에서처럼 해야 하니 여기가 한국인지, 말레이시아인지 구별이 안 되기도 했다. 그렇게 살림에 치여서 그런지 여행 갔다 와서 사람들에게 한 달 살기는 환상만큼 막 좋지는 않다고 이야기하고 다녔다.

사람은 학습의 동물이다. 그래서 두 번째 한 달 살기의 숙소는 대부분 호텔을 이용했다. 우리의 여행 경비가 여유롭지 않기 때문에 저렴한 호텔 위주로 알아보았다.

저렴한 호텔 이야기를 하면 항상 옛날 경험이 생각난다. 몇 년 전에 아내랑 베트남 하노이에 갔는데 여행을 주로 해서 호텔에 머무는 시간이 적을 것 같아 저렴한 호텔을 찾아서 예약했다. 1박에 약 2만 원 정도였는데 호텔에 도착해 신나게 방을 먼저 확인하니, 방은 넓었으나 창문이 없었다. 햇빛이 들어오지 않는 방이라 정말 잠만 자고 나와야 하는 곳이었다. 방에 들어가자마자 지하 방이 연상돼서 바로 예약을 취소하고 다른 곳으로 방을 잡았다. 만 원을 더 지불하니 창문 있는 방을 잡을 수 있었는데 그건 그것대로 아침의 소음 때문에 시끄럽기는 했다.

말레이시아도 예약 후에 실제로 방문해 보니 저렴한 호텔은 창문이 없는 호텔도 있었다. 그럴 때는 돈을 좀 더 주고 업그레이드해서 방을 바꾸기도 했다.

호텔을 알아볼 때, 아내는 각종 호텔 예약 사이트들을 알아보고 나는 구글맵을 통해서 알아본다. 나 같은 경우에는 인터넷 검색을 통해서 사람들이 많이 머무는 숙소 지역이나 여행지 등을 알아본다. 그러고 나서 구글맵을 열고 확인하면, 그때야 여행지 주변의 모습이 머리에 그려진다. 주변이 보이기 시작하면, 어디에서 머물면 좋을지가 보이고 그 주변의 맵을 확대한 다음, 구글맵 검색창에 'hotel'이라고 입력한다. 그럼 예약 가능한 호텔 정보가 가격까지 포함돼서 쭉 나온다.

구글맵을 통해서 내가 지역이 포함된 호텔을 확인하면, 아내가 그동안 알아본 호텔 정보랑 조합해서 꽤 괜찮은 호텔을 검색할 수 있다.

두 번째로 한 달 살기를 할 때, 처음 일주일은 약 3만 원짜리 교통편이 좋은 게스트하우스에서, 두 번째 일주일은 5만 원짜리 호텔, 세 번째 일주일은 7만 원짜리 호텔, 그리고 네 번째는 4만 원짜리 에어비앤비에서 머물렀다. 아내와 이렇게 숙소를 정한 이유는 돈도 돈이지만 처음부터 비싼 호텔에서 묵으면 저렴한 호텔에 가서 실망

할 거라고 의견을 모았기 때문이다. 숙소마다 나름의 장단점이 있었지만, 우리 가족은 만족스러웠다. 특히 아내가 만족했는데 호텔로 다니면서 청소와 음식을 하지 않았기 때문이다. 하물며 7만 원짜리 호텔은 조식 뷔페도 제공했다. 물론 일주일 동안 같은 메뉴를 먹어서 질리기는 했지만, 원래 남이 해준 밥이 제일 맛있는 법이다.

  호텔이라고 해서 모든 면이 좋지만은 않다. 호텔마다 금액대별로 단점은 분명히 있다. 2인이 머물 만한 3만 원짜리 괜찮은 호텔은 분명히 있지만, 4인 가족에게 3만 원짜리 호텔은 괜찮은 경우가 드물다. 호텔에서 바퀴벌레는 기본적으로 몇 마리 잡았고, 아이들 때문에 수영장이 있는 곳으로 정했는데 3만 원짜리 숙소의 수영장은 작고 더러웠다.

  5만 원짜리 숙소는 기본적으로 개미가 너무 많았다. 리셉션에 컴플레인을 하니 몇 번 일하는 사람이 와서 개미 약을 뿌려 주었지만, 개미는 계속 출몰했다. 물론 손가락만 한 바퀴벌레와 도마뱀은 덤이었다. 계속해서 개미 약을 뿌려달라고 하니 나중에는 일하는 사람이 와서 개미 약 스프레이를 주고 가기에 매일 저녁 여기저기에 뿌리고 잤다.

  7만 원 정도 되니 아이들이 바닥에서 생활이 가능했다. 개미도 없고 바퀴벌레도 없으니 아이들도 그 방을 좋아했던 기억이 난다. 물론 뷰는 조금 포기했다. 요트클럽 호텔이었기 때문에 바다가 바로 앞에 있었지만, 우리의 뷰는 마운틴 뷰였다. 그렇지만 덕분에 전깃줄에 앉아 있는 원숭이 가족들을 볼 수 있어서 아이들에게는 더 재미난 경험이었다.

  4만 원짜리 에어비앤비는 저렴했지만, 시내 중심가로 가려면 30분 정도 차량을 이용해야 했기에 시내는 한 번만 나가고 숙소 주변에서만 놀았다. 에어컨도 부실해서 더위에 조금 지쳤던 기억이 난다. 하지만, 가성비는 7만 원대 호텔과 비슷했다.

한 달을 살려고 준비하면 긴장이 된다. 3~4일 정도의 여행이면 불편해도 금방 한국으로 가니까 견딜 수 있지만, 한 달 살기를 하면 힘들어도 한국으로 돌아갈 수 없다. 그래서 더욱 숙소에 신경을 쓰게된다. 우리 가족이 한 달씩 두 번 생활해 보니 한인 민박, 게스트하우스, 호텔, 에어비앤비는 각기 다 장단점이 있다. 어떤 숙소를 정할지는 역시 개인 취향이다.

다음에 또 한 달 살기를 하게 된다면 3번 정도의 숙소 이동을 할것 같다. 우리 가족의 경험상 한 군데서 일주일이 지나가면 조금씩지루해지기 때문이다. 그럼 일주일 단위로 옮기면 되지 않느냐고 할수 있지만, 옮기기 위해 짐 싸는 것도 일이다. 또한, 숙소를 자주 옮기다 보면 무언가 하나씩 잊어버리기도 한다. 지난번에는 숙소를 옮기면서 우리 아들의 암 패드를 호텔에 놓고 왔다. 다시 가지러 가려니 택시비가 아까워서 버렸다.

사람마다 기준이 다르지만, 나는 여행에서 숙소를 가장 중요하게생각한다. 밖에서 힘들 정도로 놀다가 숙소에 와서 편하게 쉬는 것이 나의 행복이기 때문이다. 숙소는 잠만 자는 곳이라고 생각하는사람이 있고, 호텔 라이프를 즐기는 사람도 있을 것이다. 숙소보다는 구경거리를 더 중요시하는 사람도 있고, 먹을 것을 더 중요하게생각하는 사람도 있을 것이다. 여행은 각자의 기준에 맞게 하는 것이다. 누가 뭐래도 나는 쾌적한 숙소가 제일 중요하다.

또 한 번 가 보고 싶고, 보고 싶은 풍경이다. #말레이시아 랑카위 요트클럽

숙소 위치에 따라서 즐길 수 있는 것들이 다르다. #말레이시아 랑카위 맹그로브 투어

05.
육아 여행 준비물은 하루나 한 달이나 비슷하다
- 한 달 살기 준비물을 정리해 보자

한 달 살기를 위해 비행기도 예매하고 숙소도 정하고 나니 마음이 갑자기 공허해졌다. 한 달이라면 꽤 긴 시간이니 뭔가를 더 준비해야 할 것 같은데 뭘 준비해야 할까? 일주일 단위로는 몇 번 여행가 봤지만, 한 달 여행은 처음이라 '준비할 것이 더 있나?' 하는 생각이 머리에서 맴돌았다.

이런 고민이 들 때 가장 좋은 것은 적는 것이다. 주저리주저리 적다가 핵심이 생기면 그것을 정리한다. 예를 들면 이런 거다.

"뭘 준비해야 할지 모르겠네? 옷, 음식, 약? 준비물 목록이 필요한가? 적어 볼까? 애들 옷은 아내가 챙길 거고, 약은 해열제하고 항생제가 필요할 것 같고, 멀미약도 필요한가?…"

적어 놓고 나면 준비물 목록이 필요하다는 것을 알게 된다. 요새는 스마트폰 메모 애플리케이션이 잘 되어 있기에 생각날 때마다 스마트폰 메모에다가 준비물 목록을 적었다. 우리 가족의 한 달 살기 준비물 중에서 일부를 공유해 보면 이렇다.

항목	물품
약	- 바르는 모기약, 화상약, 알로에, 원우 흉터 약, 비판텐, 마데카솔, 반창고, 아쿠아 밴드, 메디폼, 종이 반창고, 인공눈물, 코 세척 통, 코 세척액, 뺑코, 성인 소화제, 성인 해열제, 아이들 해열제, 호빵맨 모기 패치, 버물리, 진드기 기피제, 마시는 멀미약, 애들 소화제 - 미리 항생제를 포함하여 약 일주일 치의 애들용 예비 약 처방받기 - 미리 항생제를 포함하여 약 일주일 치의 성인용 예비 약 처방받기 - 선크림, 로션
전자기기	- 면도기 충전해서 가져가기, 유심 뽑는 핀, 노트북(충전기, 마우스), 카메라 충전기(카메라 충전), 아들 헤드폰, 딸·나·아내용 이어폰, 딸 사진기, 충전기, 아빠 사진기, 카메라 충전기 - 전자 모기향, 손 선풍기, 드라이기, 전기 쿠커 - 옛날 핸드폰 2개, 보조 배터리, 핸드폰 충전기 2개, 멀티탭(말레이시아용, 여행용 멀티탭) - 미니 삼각대/셀카봉, 미밴드 충전하기, 미밴드 충전기
필수	- 동전 지갑, 여권, 국제 면허증, 돈(1,500달러/말레이시아 돈 20만 원), 여행자 보험 - 비행기 바우처, 호텔 바우처(2장씩), 다이너스 카드/크로스마일 카드/비자 카드, 휴대용 가방
내 옷	- 수영복 바지, 래시가드, 리넨 후드, 팬티 5개, 양말 3개, 반팔 티 5개, 반바지 1개(허리띠 포함), 잠옷용 반바지, 긴바지(입고 갈 것)
물놀이	- 비치 타월, 모자 4개, 선글라스 2개, 마사지 볼, 아쿠아 슈즈 4켤레, 크록스 슈즈 4켤레, 물안경 4개 - 암밴드/튜브 2개/비치볼 2개, 물총 2개, 튜브 바람 넣는 것, 방수팩 2개, 돗자리, 그물
기타 (아내가 준비)	- 칫솔, 치약, 음식, 애들 옷(바람막이 필수), 아내 옷

여행하는 사람마다 준비하는 기준들이 다르기에 우리 가족 기준의 예시는 참고만 하면 좋을 것 같다. 지금도 이 정보는 내 스마트폰에 저장되어 있다. 한 달 살기가 아니더라도 아이들과 여행 갈 때마다 열어보고 비슷하게 준비한다. 아이들과 함께하는 여행은 한 달이나, 3박 4일이나 준비물이 크게 달라지지 않는 것 같다.

준비물 목록 중에서도 내가 제일 신경 쓰는 것은 약과 여행자 보험이다. 특히 일주일 이상 여행을 가게 되면 아이들용으로 항생제가 포함된 감기약을 미리 처방받아서 간다. 일종의 보험이다. 아플 수도 있고 아프지 않을 수도 있지만, 혹시 아플 때를 대비해서 준비해 놓으면 마음이 편하다.

또한, 여행자 보험은 꼭 가입하고 간다. 가족 여행을 하면서는 여행자 보험을 한 번도 사용해 본 적 없지만, 결혼 전에 혼자 여행할 때 심하게 다쳐서 현지 병원에 간 적이 있다. 비용이 어마어마했다. 보험이 없었으면 다리를 절면서 한국으로 돌아올 뻔했다. 여행자 보험은 보험사마다 금액이 천차만별이기에 불안한 사람은 비싼 보험, 보험은 단지 보험이라고 생각하는 사람은 저렴한 것에 가입하면 된다. 우리는 그냥 중하급 정도의 가격을 선택한다. 비용이 많이 들지 않으니 패키지여행이 아니라면 꼭 가입하기를 바란다.

한편으로는 여행할 때 아이들을 위한 음식을 별도로 준비해 간다. 현지 음식이 아이들의 입맛에 맞지 않을 수 있으므로 스팸, 햇반, 김을 여유 있게 챙겨 간다. 요새는 스팸이 깡통이 아니라 비닐 팩에 들어있는 제품도 있어서 여행 갈 때 가볍게 들고 가기 정말 좋다. 음식은 내가 잘 안 챙긴다. 음식과 아이들의 옷가지들은 아내의 영역이다. 괜히 감 놔라, 배 놔라 하면 산으로 가기에 각자가 잘하는 것을 준비하는 것이 우리 가족의 규칙이다.

아이들과 여행을 가면서 제일 중요시하는 것은 '두 손은 가볍게' 다. 여행을 가면 아이들이 어디로 어떻게 튀어갈지 모른다. 우리 아들도 차가 오는 것을 모르고 신나서 앞으로 튀어 나가서 식겁한 적이 여러 번이다. 그기에 두 손은 항상 자유로워야 한다. 그래야 아이들 손을 잡고 다닐 수가 있다.

여행지에 도착해서 산책할 때라도 나는 항상 배낭이나 휴대용 가방을 가지고 다닌다. 배낭은 장을 보러 갈 때 메고 다니고, 휴대용 가방은 관광할 때 물이나 간식을 넣고 다닌다. 내 두 손이 가벼워야 아이들의 안전이 보장되기에 나는 배낭을 사랑한다.

우리 가족 한 달 살기 짐은 28인치 캐리어 하나, 배낭 두 개 분량이다. 내가 큰 배낭과 캐리어를 끌고 아내가 작은 배낭을 메고 두 손에는 아이들 손을 잡는다. 짐이 많지만, 꾸역꾸역 집어넣는다. 그래야 두 손이 가볍기 때문이다.

두 손을 가볍게 하면 좋은 점이 또 있다. 우리 가족은 여행하면서 저비용 항공사를 많이 이용하는데, 그런 경우에는 수화물 규정이 까다롭다. 동남아는 보통 수화물이 15kg을 넘으면 안 된다. 그런데 28인치 캐리어에 짐을 넣으면 15kg은 금방 넘어간다. 그러기에 28인치 캐리어와 큰 배낭에 짐을 나눠서 넣게 되고, 배낭에는 짐이 많이 들어가지 않아서 자동으로 짐 정리가 된다.

각 항공사의 수화물 규정을 알고 있는 것은 중요하다. 체크인하면서 추가 비용을 낼 수도 있기 때문이다. 우리 가족도 수화물 규정을 제대로 알지 못해서 체크인하다가 공항 한복판에서 짐을 다 뒤집고 다시 싼 기억이 난다. 비싼 돈 내고 여행을 하지만, 왠지 추가로 나가는 비용은 아깝다. 그러니 미리 확인하는 것이 좋다.

한 달 살기 하면서 가장 고민했던 것 중의 하나는 유심이었다. 현지에서 전화를 걸거나, 그랩(Grab, 차량 공유 서비스)을 이용하거나, 또는 길을 찾으려면 편하게 인터넷을 이용해야 하는데 어떻게 해야 할까 고민했다. 와이파이, 현지 유심 중에서 방법을 고민했고 결론적으로는 현지 유심을 구매했다.

현지 유심도 현지에서 사야 할까? 인터넷으로 미리 구매해서 가야 할까? 하는 고민도 했다. 예전에 독일에 출장을 갔다가 현지 유심을 공항에서 구매했는데 독일 메이저 통신사의 유심이 아니라서 인터넷 속도가 불만이었던 적이 있었기에 공항에서 구매하는 것이 불안했다.

그렇지만, 결론만 놓고 보면 공항에서 구매했다. 말레이시아는 메이저 통신사의 유심을 공항에서 팔았다. 한화로 약 15,000원 정도의 비용으로 인터넷과 전화를 불편함 없이 썼다. 실패해 봐야 1~2만 원 손해 보는 건데 왜 그리 고민했는지, 지금 생각해 보면 우습다.

아이들과 여행을 간다고 생각하면 처음에는 흐뭇하다가 점점 걱정이 늘어간다. 종이에다가 걱정도 적어 보고 준비물도 적어 보면 어느 순간 걱정은 사라질 것이다. "우리가 하는 걱정의 90%는 일어나지 않는다."라는 말이 있다. 그러니 적어 보면서 걱정을 줄이는 게 즐겁게 여행 가는 방법일 것이다.

걱정을 줄이는 방법의 또 하나는 두 손을 가볍게 하는 것이다. 두 손이 가볍다면 아이들과 여행 갈 때 안심이 되기 때문이다. 육아 여행의 준비는 첫째도 안전, 둘째도 안전, 셋째도 안전이다.

4인 가족 한 달 살기 짐이다. 28인치 캐리어 하나, 대형 배낭 하나, 중형 배낭 하나다. #한국 지하철

선물 사러 야시장 가봐야 살 거 없다. 야시장은 먹거리가 진리다. #말레이시아 랑카위

06.
한 달 살기는 여행인가?
– 말레이시아 조호르바루 한 달 살기 이야기

여행을 준비할 때는 '언제 출발하는 날이 오나?' 하고 생각하는데, 돌아서니 다음 주가 출발할 시간이다. 깜짝 놀란 마음에 부지런히 짐을 싸고 드디어 공항으로 향했다.

처음으로 밤 비행기에 도전해서 새벽에 싱가포르에 도착했다. 잠들어 있는 아이들을 새벽에 깨우면 칭얼댈까 봐 걱정했는데, 막내만 조금 칭얼댈 뿐 곧 부스스 일어나서 따라온다. 여행을 다니다 보니 본인들이 적응하나 보다.

큰 문제 없이 지나가나 했는데 역시 여행은 항상 문제가 생긴다. 픽업해 주기로 한 기사가 보이지 않는 것이다. 안 터지는 싱가포르 공항 인터넷으로 픽업 업체와 연락을 하고 1시간 정도 기다린 후에야 픽업 기사를 만날 수 있었다. 핸드폰도 안 되는 낯선 곳에서 새벽에 연락 없는 사람을 기다리는 것은 즐거운 경험이 아니다.

싱가포르와 조호르바루는 다리가 연결되어 있어 차를 타고 국경을 넘어가는데, 차 안에서 여권 심사를 받는 기분이 색다르다. 우리 가족은 밤 비행기를 탔기에 조호르바루에 도착하자마자 아침을 먹고 전부 잠들어 버렸다. 점심시간이 훌쩍 지나서 모두 느긋하게 일어나 한 달 살기 여행의 첫날을 시작했다.

말레이시아는 항상 더운 나라인 줄 알았다. 그러나 우리가 도착한 12월은 선선한 날이 더 많았다. 비도 종종 오곤 해서 더위에 고생한 기억이 없다. 오후에 아파트에서 수영하면 춥기까지 했다. 택시 기사에게 물어보니 평년보다 비도 많이 오고 추운 게 이상 기후 같단다. 그래도 우리는 즐겼다. 한국에는 최강 한파가 몰아치고 있었기에 선선한 날씨는 우리를 더욱더 즐겁게 했다.

약 30일 정도 지내면서 처음 일주일간은 적응 기간이었다. 도시도 다르고, 물가도 다르고, 사람도 다르기에 일주일 정도는 어리바리하면서 지냈다. 2주 차 정도 되니 모든 것이 익숙해졌다. 그리고 3주 차가 되니 지겨워졌다. 아이들이랑 노는 것도 하루 이틀이지, 아이들과 함께하는 주말이 30일이라고 생각해 봐라. 매일매일 뭐 하고 놀아야 할지 고민하는 것도 힘들다.

한 달 살기를 하면서 아이들을 현지 학원이나 영어 캠프에 보내는 엄마들을 봤는데 최소한 오전은 본인을 위해 쓸 수 있는 것이 너무 부러웠다. 다음에 한 달씩 여행을 가면 꼭 학원을 보낼 것이라고 다짐하고 다짐해 보지만, 이루어질지는 모르겠다.

한 달 살기를 계획할 때는 3박 4일 여행 갔을 때처럼 즐기다 오듯이 한 달을 행복하게 즐기다 올 것이라고 기대했다. 그러나 실제로 살아 보니 즐기다 보다는 '살기'였다. 호텔에서 생활하는 것이 아니기에 한국에서 했던 일들을 전부 해야 했다. 아이들이 어리다 보니 계속 음식을 사 먹을 수 없어서 하루에 한 끼는 식당을 이용하고, 두 끼는 요리해서 먹고, 설거지를 한다. 더불어서 청소와 빨래도 기본적으로 해야 하니 하루에 2시간 정도는 집안일을 한다. 살림을 해야 하는 것은 여행의 기분을 반감시킨다.

누군가 나에게 한 달 살기가 어떠냐고 물어보면 즐기기가 아니라 살기라고 이야기해 준다. 여행보다는 이사를 간 느낌이다. 그래도 돌아보면 그 시절로 다시 돌아가고 싶다. 아이들도 한 번씩 말레이시아를 다시 가고 싶다고 이야기한다.

"아빠, 말레이시아 가고 싶어."
"왜 가고 싶어?"
"매일 엄마, 아빠랑 놀잖아."

역시 아이들은 노는 게 최고다. 어른들은 미세먼지가 싫어서, 물가가 싸서, 업무로 스트레스받기 싫어서 다시 가고 싶은데 아이들은 그저 놀고 싶어서 다시 가고 싶다고 한다.

말레이시아 조호르바루의 큰 특징은 몇 가지가 있다.
첫 번째는 싱가포르와 가까워서 언제든 싱가포르에 놀러 갈 수 있다는 것이다. 예전 모 방송국에서 짧은 기간 동안 두 나라를 여행할 수 있다고 해서 화제가 된 곳이 바로 조호르바루다. 버스와 택시를 이용하면 되는데 버스는 저렴하지만, 이동 시간이 길고 짐이 많으면 불편하다. 아이와 함께하면서 짐이 있다면 택시가 진리다.
말레이시아 있다가 싱가포르에 가면 물가에 깜짝 놀란다. 한국에서 바로 넘어가면 한국과 비슷하거나 약간 비싸다는 생각이 들 텐데, 말레이시아 물가가 저렴하니 무엇을 해도 두 배의 비용을 지불하는 느낌이다.
그러나 물가가 비싼 만큼 선진국이기에 즐길 거리가 많다. 또한, 영어를 쓰는 나라이기에 도서관에 가면 영어로 된 정보들도 많고 영어로 하는 프로그램도 있다. 공원도 잘 조성되어 있는데 칠드런스 가든(Children's garden)에서 물놀이한 것이 특히 기억에 남는다. 안전 요원도 계속 주변을 주시하고 있고 탈의실도 있다. 뒤편에는 숲과 함께하는 다양한 놀이 공간이 있기에 이래서 선진국인가 하는 생각을 해 본다. 저녁에 하는 분수 쇼와 레이저 쇼를 기다리는 동안에는 아이들이 지루해했지만, 보는 동안에는 눈을 떼지 못했다.

3일간 싱가포르 여행을 했는데 떠나려고 하니 아쉬운 기분이 들었다. 기회가 되면 꼭 한 번 더 와 보고 싶은 마약 같은 도시다.

두 번째 특징은 아시아에서 유일하게 레고 랜드가 있다는 것이다. 나는 레고에 열광하는 편이 아니기에 큰 관심이 없었는데 조호르바루에서는 놀거리가 별로 없다는 말에 연간 회원권을 구매했다. 가끔 홈페이지에 할인 구매 기간이 있어서 인터넷을 주시하다가 저렴하게 구매했다. 남의 나라 온라인 구매라 떨렸는데, 한국 쇼핑몰에서 구매하는 것과 비슷하다. 예약한 내용을 종이로 뽑아서 레고 랜드 데스크에 주니, 사진이 들어간 연간 회원권을 만들어 준다.

레고 랜드의 특징은 시설 이용 대상이 유치원에서 초등학생 정도로 맞춰져 있다는 것이다. 성인이 타기에는 시시할 수 있으나 너무 무섭지도, 너무 시시하지 않은 수준의 놀이기구들이 많다. 3D 영화와 3D 놀이기구도 있고, VR을 쓰고 타는 롤러코스터도 있어서 한국과는 색다른 분위기다. 레고 만들기를 체험하기도 하고 인형극도 즐길 수 있다. 우리는 워터파크 이용이 가능한 연간 회원권을 구매해서 워터파크도 질리도록 갔다. 우리나라에서는 워터 슬라이드를 타려면 줄을 길게 서야 하지만, 레고 랜드에서는 바로바로 탈 수 있다. 나는 너무 힘든데 딸이 자꾸 워터 슬라이드를 타자고 해서 도망다녔던 기억이 난다.

조호르바루의 세 번째 특징은 신도시라는 것이다. 싱가포르와 가까우므로 중국 사람들의 투자가 많다. 아파트도 걱정될 만큼 미친 듯이 짓고 있다. 싱가포르와 연결되는 추가 다리 건설도 협의 중이라고 하는데, 실제로 될지는 10년쯤 후에 알 수 있지 않을까 싶다. 조호르바루는 신도시라서 쾌적한 편이고 물가는 다른 곳보다 조금 비싸다.

조호르바루에서 이해가 안 되는 점이 하나 있는데 인도가 엄청 불량하다는 것이다. 더운 나라이기에 사람들이 차만 타고 다니는지 인도로 걸어 다니기가 불편하다. 새로 지은 아파트들 주변은 조금 다르지만, 전반적으로 도보로 다니기에는 불친절한 곳이다.

다른 동남아 국가들과 다른 점은 자동차가 많고 오토바이가 생각보다 적다는 점이다. 필리핀이나 베트남에 가면 오토바이 천국인데, 말레이시아는 자동차 천국이다. 덕분에 그랩 같은 차량 공유 서비스가 잘 구성되어 있다. 말레이시아를 필리핀이나 베트남보다 좋은 곳이라고 판단하는 이유도 이런 부분에 있다. 생활 수준이나 환경이 다른 동남아 나라들보다 높다. 치안이 나쁘다는 이야기도 많이 들었지만, 실제로 생활해 보니 치안 때문에 무섭거나 불편했던 적은 없다.

말레이시아의 물가는 한국보다 30~50% 정도 저렴하다. 예를 들면 스타벅스 아메리카노가 약 3,000원 정도다. 우리나라에서는 4,000원이 넘으니 약 30% 저렴하다. 현지 식당에서의 한 끼 식사는 2~3,000원 정도 한다. 다만, 반찬이 없다. 그래도 50% 정도는 저렴하지 않나 싶다. 쇼핑몰에 입점한 식당이나 한국 식당에 가면 금액이 확 올라가기는 한다.

실제로 생활하면서 느낀 체감 물가는 한국 대비 50% 정도는 저렴했다. 식재료는 당연히 저렴한데 열대 과일들, 특히 망고는 개당 300~500원 정도였다. 물론 큰 쇼핑몰 마트에서 망고를 사면 개당 천 원도 하지만, 시장에서는 5천 원어치 사면 10개 이상 준다. 한 달 살기 하려면 재래시장의 단골이 되는 것은 필수다.

한 달을 살다 보면 많은 일이 일어난다. 현지 차량 공유 서비스를 이용하면서 생겼던 일들도 있고, 비가 너무 많이 와서 쇼핑몰에서만 놀았던 적도 있고, 아이들은 멀쩡한데 내가 몸살이 나서 드러누웠던 적도 있다. 식당에 갔는데 문이 닫혀서 밥을 굶고 숙소로 돌아온 적도 있고, 과일을 샀는데 맛이 없어서 대부분 버린 적도 있다.

아이들이 현지 애들과 몸짓으로만 함께 노는 것을 흐뭇하게 보기도 하고, 한여름의 크리스마스를 즐기다가 우연히 만났던 동아리 선배와 술 한잔도 했다. 불꽃놀이도 보고, 레고 랜드 단골도 되어 봤다.

당황스러운 경험과 즐거웠던 경험이 공존했던 말레이시아 한 달 살기는 또 도전해 보고 싶은 추억이다.

한 달 살기를 하면서 30일 정도 되었을 때 아내에게 또 한 달 살기를 하고 싶냐고 물어봤다. 아내는 그냥 일주일씩 여행을 다녀야겠다고 대답했다. 아이들과 함께하는 주말을 30일 동안 했기 때문이다. 그렇지만 한 달 살기가 끝날 때쯤에는 아내와 다시 말레이시아 비행기 표를 알아보고 있었다. 막상 끝나가니 아쉬움이 남았기 때문이다. 여행이란 힘들어도 또 가고 싶고, 끝나면 다시 시작하고 싶은 것이다.

싱가포르 칠드런스 가든의 무료 물놀이장이다. 저 멀리 마리나 베이 샌즈 호텔이 보인다. #싱가포르

동네 놀이터처럼 놀러 다니던 레고 랜드 #말레이시아 조호르바루

07.
여행 같은 한 달 살기
– 말레이시아 페낭, 랑카위,
쿠알라룸푸르 한 달 여행 이야기

　말레이시아 조호르바루 한 달 살기를 끝내고는 지루함과 힘듦 그리고 즐거움이 공존했기에 '다시 한 달 살기를 또 할 수 있을까?' 하는 생각을 했다.

　한국에 돌아와서 다음 여행지 비행기 표를 알아보는데, 인천-페낭, 랑카위-쿠알라룸푸르-인천 항공권이 상당히 저렴했다. 인천-쿠알라룸푸르 왕복보다 1인당 10만 원가량 저렴했다. 아내랑 며칠 동안 고민하다가 그냥 질렀다. 인생은 원래 시간이 있으면 돈이 없고, 돈이 있으면 건강이 안 좋아서 여행을 못 가지 않는가? 우리는 돈은 없지만, 시간과 건강이 될 때 다시 한번 떠나기로 의기투합했다.

　비행기를 예약하고 나서는 고민하기 시작했다. 지난번 한 달 살기를 할 때, 요리하고 빨래하는 것이 너무 귀찮았기에 호텔과 에어비앤비 중에서 고민이 되었다. 호텔은 청소도 해 주고 쾌적하지만 살짝 비싸고, 에어비앤비는 쾌적하지만 청소도 직접 하고 음식도 해야 한다는 단점이 있다. 고민하다가 아내가 남이 해 주는 밥을 먹고 싶다고 해서 호텔로 결정했다.

　페낭 일주일은 3만 원대 게스트하우스, 랑카위 일주일은 5만 원대 호텔, 랑카위에서 보내는 두 번째 일주일은 7만 원대 호텔을 예약했다. 마지막 일주일은 쿠알라룸푸르의 에어비앤비를 이용했다.

금액을 높여가면서 숙소를 잡은 이유는 경험상 처음엔 안 좋은 호텔에서 좋은 호텔로 순차적으로 올라가야 만족도가 높아지기 때문이다. 실제로 가족의 만족도가 높아졌다. 1박에 3만 원대, 5만 원대 호텔은 개미도 나오고 바퀴벌레도 나와서 쾌적성이 떨어졌는데 7만 원대 호텔로 가니 아이들이 바닥에서 놀 수도 있었다. 7만 원대라서 그런지 조식 뷔페도 제공해 주어 더욱더 좋았다.

출발 전에 더 저렴한 항공권이 나와서 표를 재구매하는 등의 우여곡절이 있었지만, 두 번째 한 달 살기 여행이기에 여유롭게 출발했다. 이번 여행에서 가장 두려웠던 점은 처음 페낭에 들어갈 때 거쳐야 하는 경유였다. 경유를 해야 하기에 비행시간 8시간에 대기 시간 3시간 그리고 이동 시간까지 아이들이 버텨 주어야 했다. 집에서 한국 시각으로 아침 7시 20분에 출발해서 페낭 호텔에 한국 시각으로 저녁 11시에 도착했으니 아이들이 약 16시간의 이동 시간을 버텼다. 8살 아이는 버틸 줄 알았고, 6살 아이는 힘들 거라고 예상했지만 큰 찡찡댐 없이 호텔에 도착했다. 아이들이 부모가 생각하는 것보다 더 대단하다고 느껴진다.

페낭은 작은 섬이라고 들어서 한적하고 여유로운 곳이라는 상상으로 여행을 시작했지만, 실제로는 번화한 도시였다. 그랩 기사와 이야기해 보니 중국 사람들이 많이 들어오고, 우리나라의 거제도처럼 본토와 다리로 연결되어 있어 도시가 번화하다고 한다. 구시가가 있기에 인사동과 거제도가 합쳐진 느낌이다.

육아 여행이니 관광보다는 아이들 위주의 체험을 많이 했다. 페낭에서는 '테크 돔 페낭(Tech Dome Penang)'이라는 페낭 과학관도 가고 '페낭 유스 파크(Penang Youth park)'라는 어린이 공원에 가서 물놀이도 했다. 물론 페낭의 유명한 구도심도 살짝 구경하기는 했지만, 더위 때문에 아이들이 걷는 걸 너무 힘들어해서 1시간 만에 쇼핑몰로 철수했다.

크게 할 일 없는 날은 현지의 키즈카페도 갔다. 말레이시아 키즈카페는 저렴하고 종일권이 있어서 몇 번을 다시 들어가도 된다. 다만, 우리 같은 경우 평일에 자주 가는데 평일에는 아무도 없다. 그 큰 키즈카페에 아무도 없으니 아이들이 30분만 놀아도 심심해한다. 음식도 기다리면서 먹으면 맛있지만 아무도 없는 식당에서 먹으면 맛이 없듯이, 아이들도 주변에 아무도 없으면 재미가 없나 보다.

페낭 여행의 하이라이트는 파크 로얄 호텔(Park Royal Hotel)의 수영장이었다. 우리가 페낭에서 묵은 숙소의 수영장은 지저분하고 목욕탕 수준이라 돈 내고 갈 수 있는 수영장을 찾았는데 구글링을 하다가 하나 얻어걸렸다. 한국 사람들은 거의 이용을 하지 않았는지 블로그 등에서 후기를 찾을 수가 없었다. 수영장을 외부인이 이용해도 되는지 문의하기 위해 전화를 걸었는데 언제든지 오라고 해서 바로 수영복과 튜브를 챙겨서 이동했다.

호텔에 가는 동안 갑자기 천둥과 벼락이 쳤다. 갑자기 불안해졌다. 그래도 출발했으니 어쩌겠나. 우선 호텔에 도착해서 보니 사람들이 수영을 하고 있다. '휴 다행이다'라고 생각하는데 안전 요원들이 사람들을 물 밖으로 내보낸다. '헉, 그럼 이용하지 못하는 것인가?' 하는 생각을 하며 안전 요원에게 물어보니 "썬더, 썬더." 하고 이야기한다. 썬더가 뭐 어쩌라는 건지, 한참을 고민해 보니 썬더가 번개였다. 난 썬더가 천둥이라고 생각하고 왜 시끄러운데 수영장을 이용 못 하느냐고 계속 물어봤던 것이다. 이런 영어 젬병 같으니라고. 번개가 치면 물에 벼락이 떨어질 수 있어서 안전상 안 된다고 한다.

일단 우리는 물러나서 어디로 갈까 고민하다가 옆에 있는 스타벅스로 이동했다. 말레이시아 바닷가에 있는 스타벅스는 전부 다 전망이 최고다. 페낭 바닷가에 있는 스타벅스는 해변 앞에 있어서 더욱더 멋지다.

간단히 요기하고 다시 호텔로 가니 수영장 이용이 가능하단다. 1일 수영장 이용 금액을 지불하고 신나게 놀았다. 1인당 10,000원에서 15,000원 정도 내면 수영장을 이용할 수 있는데, 약 6천 원 정도의 호텔 식당 이용 크레딧도 준다. 호텔 식당인데도 저렴해서 크레딧 범위 내에서 식사도 가능하다. 3만 원짜리 게스트하우스에서 자는데 특급 호텔에서 수영하고 식사도 하니 돈이 좋다는 생각을 해봤다. 나중에 돈 많이 벌면 파크 로얄 호텔에서 오래 머물러 보고 싶다.

재래시장에서 장을 보고 들어가는 길이다. #말레이시아 페낭

페낭의 기억을 뒤로하고 우리 가족이 버스 비행기라고 불렀던 에어아시아를 타고 랑카위로 넘어갔다. 원래 페낭에서 랑카위로 갈 때는 배를 이용하려고 했는데 3시간에 가까운 배 시간도 부담이고 비용도 비행기보다 1인당 만 원 정도밖에 차이가 안 나서 50분 만에 갈 수 있는 비행기를 이용했다. 에어아시아 셀프 체크인의 긴 줄 덕분에 비행기를 못 탈 뻔한 고생도 했지만, 무사히 랑카위로 이동했다.

랑카위에 도착하자 받은 첫 느낌은 '제주도?'였다. 페낭에서는 건물과 차밖에 보지 못했는데 랑카위는 나무와 가축들이 보인다. 우리 부부가 로망을 가졌던 한가로운 휴양지의 기분을 느끼며 망고를 실컷 먹을 거라는 상상을 했다.

랑카위에서는 망고를 먹지는 못했지만, 우리가 상상했던 휴양을 즐겼다. 망고는 철이 있다고 한다. 처음 알았다. 12월 정도가 망고 철이고 우리가 갔던 7월은 망고스틴이나 람부탄 철이었다. 그래서 망고스틴하고 람부탄은 배불리 먹었다.

랑카위에서 2주 정도 머물러 보니 물가가 한국보다는 저렴하지만, 휴양지라서 다른 지역보다는 약간 비싸다는 느낌이었다. 음식 맛도 그다지 맛있지가 않고 맛있으면 비쌌다. 우리나라도 서울에서는 맛집을 쉽게 찾을 수 있지만 시골에서는 쉽게 찾기 어렵듯이, 랑카위에서도 비슷했다. 말레이시아의 4개 도시를 다녀 봤지만 역시 수도인 쿠알라룸푸르가 음식이 제일 맛있고 가격도 저렴했다.

랑카위에 가는 가장 큰 이유는 휴양이고, 두 번째는 체험일 것이다. 다른 동남아시아 국가에서는 깨끗한 바다에 열대어가 헤엄치는 산호섬에서 스노클링을 했는데 말레이시아 바다는 서해 같다. 서해보다는 맑지만, 파도가 치면 탁한 색이다. 가지고 간 스노클링 장비는 한 번도 꺼내지 못했지만, 아내는 바다가 예뻤다며 아직도 랑카위를 그리워한다.

랑카위의 유명한 관광은 맹그로브 투어, 선셋 크루즈, 호핑(hop-ping) 투어 정도다. 호핑 투어는 호핑을 하러 2시간 이상 바다에 나갔다가 3~4시간 동안 땡볕에서 스노클링을 하고 다시 2시간 정도 걸려서 배를 타고 돌아오는 투어다. 깨끗한 바다를 보고 싶어서 호핑 투어를 하고 싶었지만, 비용이 문제가 아니라 아이들이 버티지 못할 것이 뻔히 보였다. 며칠을 고민하다가 호핑 투어는 제외했다.
선셋 크루즈도 어른을 위한 투어지, 아이를 위한 투어는 아니라서 제외하고 결국 맹그로브 투어만 하고 왔다. 그래도 맹그로브 투어는 가격 대비 너무 만족스러웠다. 아이들도 맹그로브숲과 독수리, 원숭이, 도마뱀, 구렁이와 몇백 마리의 박쥐까지 보고 오니 가장 기억에 남았을 것이다. 나중에는 박쥐 볼 때 빌린 랜턴만 이야기하기는 했지만 말이다.

랑카위에서 첫 주는 가장 핫한 체낭 비치에 있는 체낭뷰 호텔에서 머물렀다. 호텔에서 보는 일몰은 장관이고, 커다란 파도가 치는 바다에서 노는 파도 놀이는 즐거웠다. 관광지라서 볼거리, 즐길 거리, 먹을거리가 풍부한 곳이 체낭 비치다. 각종 투어도 체낭 비치에서 하는 것이 다양하고 저렴하다.

체낭 비치에서 일주일 정도 있다가 쿠아타운에 있는 랑카위 요트클럽 호텔로 이동했다. 요트클럽 호텔은 그 이름답게 요트를 타는 사람들이 많아서 시설이 괜찮다. 호텔에서 선셋 크루즈를 많이 하는데 호텔 수영장에서 보는 선셋만으로도 눈이 부시게 아름다운 곳이 랑카위다.

2주간의 꿀 같은 랑카위 휴양을 끝내고 우리는 쿠알라룸푸르에 잠시 머물렀다. 10년 전에 출장으로 한 번 왔었는데 10년 동안 높은 건물들이 더 많아졌다. 역시 어느 나라나 10년이 지나면 변화가 많아진다. 나는 부산에 여행 가본 지 10년이 되어 가는데 부산 친구의 말로는 많이 바뀌었다고 한다. 아이들이 좀 더 커서 장거리 자동차 여행이 가능하게 되면, 부산, 통영, 거제도 여행을 가 봐야겠다. 내 기억에 비해 얼마나 많이 바뀌었는지 기대가 된다.

쿠알라룸푸르에서는 에어비앤비에서 머물렀는데 역시 기본은 했다. 아파트이다 보니 수영장은 기본으로 보유하고 있고, 간단한 취사도구도 완비되어 있었다. 다만, 침대 매트리스가 허리 통증을 유발하고, 거실 에어컨이 망가져서 낮에는 거실에서 땀을 흘린 것 빼고는 완벽했다. 아파트가 쇼핑몰과 붙어 있어서 아이들과 서점이나 마트 구경도 실컷 했다. 역시 아이들과 여행할 때는 마트가 가까워야 편하다.

다시 한번 말레이시아를 간다면 랑카위와 쿠알라룸푸르를 갈 것 같다. 랑카위에서의 여유로움이 그립기도 하고, 아이들에게 단기 영어 학원이라도 보내려면 쿠알라룸푸르가 제격이기 때문이다.

여행 이후에 몇 개월간 우리는 마이너스 통장을 메꾸고 있다. 생각보다 비용이 많이 들지는 않았지만, 두 사람이 몇 개월간 적은 수입으로 생활하다가 여행을 갔기에 마이너스는 필수가 되어버렸다. 지금은 수중에 마이너스 통장밖에 없지만, 행복한 추억과 다시 못 느낄 기억이 있기에 우리 가족의 마음만큼은 부자다.

"생각이 바뀌면 행동이 바뀌고, 행동이 바뀌면 인생이 바뀐다."라는 말이 있다. 여행을 통해 마음은 부자라는 생각을 가졌기에 이제는 행동을 통해 인생이 바뀔 차례다. 여행은 인생을 바꿀 수 있는 작은 발걸음을 만들어 준다. 그 발걸음이 모이면 길이 될 것이다. 우리는 우리의 길을 계속 걸어가기 위해서 또 다른 여행을 계획한다.

여행은 계속된다

여행에 대해서는 하고 싶은 이야기가 많습니다. 아이들이 어떻게 생각이 바뀌었고, 부모는 어떤 생각을 했으며, 맛집이 어디가 좋고, 어느 계절에 여행을 가야 볼거리가 많다 등의 이야기가 머릿속에 한가득입니다. 긴 밤 동안 모닥불 앞에 앉아서 추억을 이야기할 때 밤을 새우듯이 이야기할 수 있습니다. 책에서 나누고자 했던 것보다 더 많은 이야기가 있지만, 아이가 학교 들어가기 전까지의 여행이 많은 의미를 주었기에 7세까지의 여행 이야기로 마무리했습니다.

들어가는 글에서 뇌의 가지치기와 메타인지에 대한 이야기를 했습니다. 과연 우리 아이들이 뇌의 가지치기를 잘했는지 궁금하실 겁니다. 사실 저도 궁금하네요. 우리 아이들은 천재성을 가지고 있지 않고, 뛰어난 모습도 보이지 않는 평범한 아이들이기 때문입니다. 하지만 저는 믿습니다. 여행에 대한 경험을 통해서 머릿속의 마을이 크게 자라났고 —우리 아이들과 저는 뇌의 가지치기를 "머릿속 마을이 자란다."라고 표현합니다— 몸과 마음이 건강해졌을 것이라고요.

아이들이 커 가면서 최근에 하브루타에 관심을 가지고 공부하고 있는데 하브루타 부모교육 연구소에는 다음과 같은 캐치프레이즈가 있습니다.

"10공 100행 - 10년 동안 공들이면 100년 동안 행복하다."

아이들에게 10년을 공들이면 100년 동안 행복하게 산다는 말입니다. 어떻게 생각하시나요? 저는 이 말이 맞는 말이라고 생각합니다. 아이들과의 여행을 통해서 아이들의 몸과 마음이 건강하게 자라길 바라지만, 어쩌다 한 번 하는 여행으로 아이들이 건강해질 것이라고는 믿지 않습니다. 오랜 기간에 걸쳐서 자주 아이들과 함께해야 한다고 생각합니다. 최소한 10년은 아이들과 밀접하게 함께해야 합니다. 아마도 10년 정도 지나면 아이들이 부모와 함께하는 여행보다 친구와 함께 가는 것을 더 좋아하게 될지도 모릅니다.

저도 첫째 아이가 초등학교에 입학했기에 부모와 함께하는 시간이 점점 줄어들고 있습니다. 아직 아이가 초등학교 고학년이 되지 않아서 잘 모르겠지만, 아마도 3~4년 후면 아이와 함께하는 시간보다 저 혼자서 보내는 시간이 더 많아지지 않을까 싶습니다. 물론 저는 여행을 통해서 아이들과 어울리는 것이 행복하다는 것을 알게 되었기에 아이들이 자라도 함께하려고 노력할 겁니다. 다만, 억지로 하지는 말아야겠지요.

무엇이든지 때가 있다고 합니다. 여행도 때가 있을 겁니다. 우리 가족도 몇 년 동안은 여행에 미친 것처럼 다녔는데 이제는 여러 가지 사정으로 주춤하고 있기 때문이죠.

책에서 이야기하고 싶은 건 아이들이 학교에 입학하기 전에 아이들과 여행을 많이 다니면 좋다는 이야기지만, 초등학생이면 어떻고, 중학생이면 어떻습니까? 아이가 부모와 함께 여행을 가고 싶다면 신나게 그리고 기꺼이 여행을 가 주세요. 아이들이 함께 여행 가고 싶다고 할 때가 바로 가족여행의 적기일 수 있습니다. 부모와 아이가 10년간 줄기차게 함께한다면 아이의 미래가 행복해질 것입니다.

글을 마무리 짓고 있는 지금도 날씨가 너무 추워서 습관적으로 일본 온천 지역의 비행기 표를 알아보았습니다. 물론 경제적인 문제로 인해서 표만 알아보고 접기 일쑤고, 아내님에게 가지도 못하는 표 알아본다고 한 소리 듣기도 하지요. 물론 그렇다고 아내님이 그냥 넘어가지는 않죠. 찜질방을 알아봐 줍니다. 그래서 우리는 찜질방으로 여행을 갔다 왔습니다.

우리 가족에게 여행이란 일상인 것 같습니다. 비행기를 타고 가는 것도 여행이지만, 서점을 가는 것도 여행, 찜질방을 가는 것도 여행입니다. 그 여행이 우리 아이들의 머릿속에 있는 생각 마을을 키워 주고 있을 겁니다. 아이들 덕분에 저도 나이를 먹었지만 조금씩 성장한다는 느낌입니다.

우리 가족의 여행은 계속됩니다. 10년이 아니라 20년, 30년이 지나도 건강이 허락할 때까지 계속할 겁니다. 인생 자체가 여행이니까요. 아이들이 함께해 주면 가족여행이 될 것이고, 아내와 함께하면 부부 여행이 되겠죠. 우리 아이들은 육아 여행을 통해서 가족과 함께 여행하는 행복을 알기에 종종 함께해 줄 거라고 믿습니다.

저와 함께 육아 여행을 동행해 준 아내님께 존경과 감사를 표합니다. 부족한 남편이지만 아내 덕에 행복한 육아 여행을 하고 진정한 가족이 되었기 때문입니다. 그리고 옆집 아저씨 같은 아빠를 진정

한 아빠로 만들어 준 우리 아이들에게도 고마움을 표합니다. 사랑
합니다. 모두들.

행복덩이 아빠 김진성

우리의 여행은 계속된다. #말레이시아 랑카위